全国高级技工学校电气自动化设备安装与维修专业教材

电机变压器原理与维修习题册

中国劳动社会保障出版社

图书在版编目（CIP）数据

电机变压器原理与维修习题册/人力资源和社会保障部教材办公室组织编写. —北京：中国劳动社会保障出版社，2012

全国高级技工学校电气自动化设备安装与维修专业教材

ISBN 978－7－5045－9599－7

Ⅰ.①电… Ⅱ.①人… Ⅲ.①变压器-理论-技工学校-习题集②变压器-维修-技工学校-习题集 Ⅳ.①TM40－44

中国版本图书馆 CIP 数据核字（2012）第 071163 号

中国劳动社会保障出版社出版发行

（北京市惠新东街1号 邮政编码：100029）

出 版 人：张梦欣

*

北京市科星印刷有限责任公司印刷装订 新华书店经销

787毫米×1092毫米 16开本 5.5印张 129千字

2012年4月第1版 2025年1月第14次印刷

定价：10.00元

营销中心电话：400-606-6496

出版社网址：http://www.class.com.cn

http://jg.class.com.cn

目 录

第一章　单相变压器

第一节　单相变压器的原理与分类

一、填空题

1. 变压器是一种__________的电气设备，它的基本原理是__________原理。

2. 变压器按铁心结构分类，可分为______________、______________。

3. 单相变压器按用途分类，可分为______________、______________、______________、______________、______________。

4. 变压器按绕组分类，可分为______________、______________、______________、______________。

5. 变压器按冷却方式分类，可分为______________、______________、______________、______________。

二、判断题

1. 在电路中所需要的各种直流电，可以通过变压器来获得。（　　）

2. 变压器的基本原理是电流的磁效应。（　　）

3. 电力变压器主要用做电能的输送与分配。（　　）

4. 控制变压器一般用于小功率电源系统和自动控制系统。（　　）

三、简答题

变压器能改变直流电压吗？如果接上直流电压会发生什么现象？为什么？

第二节　单相变压器的结构

一、填空题

1. 单相变压器的基本结构包括一只由彼此绝缘的薄硅钢片叠成的闭合铁心以及绕在铁心上的高、低压绕组两大部分。其中绕组是______部分，铁心是______部分。

2．变压器的铁心由＿＿＿＿＿＿和＿＿＿＿＿＿两部分组成，＿＿＿＿＿＿上套装着变压器绕组。

3．按高压绕组和低压绕组相互位置和形状的不同，变压器的绕组可分为＿＿＿＿＿＿和＿＿＿＿＿＿两种。

4．采用交叠式绕组的变压器主要用在＿＿＿＿＿＿、＿＿＿＿＿＿的变压器上。

二、选择题

1．（　　）常用于单相交流电路中隔离、电压等级的变换、阻抗变换、相位变换或三相变压器组。

A．壳式单相变压器　　B．芯式单相变压器

C．自耦变压器　　D．电流互感器

2．变压器铁心常采用（　　）厚的硅钢片叠装而成，且片间彼此绝缘。

A．0.1 mm　　B．0.35 mm　　C．0.6 mm　　D．1 mm

3．单相芯式变压器，为其安全考虑，通常高压绕组必须置于（　）。

A．内层　　B．外层　　C．中间　　D．最内层

三、判断题

1．芯式单相变压器常用于大、中型变压器和高压的电力变压器。（　　）

2．单相芯式变压器，低压绕组必须置于里层，是因为要增加高压绕组与铁心之间的安全距离。（　　）

3．交叠式绕组的主要优点是漏抗小、机械强度高、引线方便。（　　）

四、简答题

变压器的铁心为什么要用硅钢片组成？

第三节　单相变压器的运行原理

一、填空题

1．变压器的空载运行是指变压器的一次绕组＿＿＿＿＿＿＿＿，二次绕组＿＿＿＿的工作状态。

2．一次绕组为 660 匝的单相变压器，当一次侧电压为 220 V 时，要求二次侧电压为 127 V，则该变压器的二次绕组应为＿＿＿＿＿匝。

3．一台变压器的变压比为 1∶15，将它的一次绕组接到 220 V 的交流电源上时，二次绕

组输出的电压是__________V。

4. 变压器空载运行时，由于_____损耗较小，_____损耗近似为零，所以变压器的空载损耗近似等于_____损耗。

5. 变压器不但可以用来变换交流电压，还能变换__________、__________和__________，但不能变换_____和__________。

二、选择题

1. 变压器具有（　　）的作用。

A. 改变交变电压　　B. 改变交变电流

C. 变换阻抗　　D. 以上都是

2. 有一台 380 V/36 V 的变压器，在使用时不慎将高压侧和低压侧互相接错，当低压侧加上 380 V 电源后，会发生的现象是（　　）。

A. 高压侧有 380 V 的电压输出

B. 高压侧没有电压输出，绕组严重过热

C. 高压侧有高压输出，绕组严重过热

D. 高压侧有高压输出，绕组无过热现象

3. 有一台变压器，一次绕组的电阻为 10 Ω，在一次侧加 220 V 交流电压时，一次绕组的空载电流（　　）。

A. 等于 22 A　　B. 小于 22 A　　C. 大于 22 A　　D. 不小于 22 A

4. 变压器降压使用时，能输出较大的（　　）。

A. 功率　　B. 电流　　C. 电能　　D. 电功

5. 将 50 Hz、220 V/127 V 的变压器接到 100 Hz、220 V 的电源上，铁心中的磁通将（　　）。

A. 减小　　B. 增加　　C. 不变　　D. 不能确定

6. 变压器的空载电流 $\dot{I}_0$ 和电源电压 $\dot{U}_1$ 的相位关系是（　　）。

A. $\dot{I}_0$ 与 $\dot{U}_1$ 同相

B. $\dot{I}_0$ 滞后 $\dot{U}_1$ 90°

C. $\dot{I}_0$ 滞后 $\dot{U}_1$ 接近 90°，但小于 90°

D. $\dot{I}_0$ 滞后 $\dot{U}_1$ 略大于 90°

三、判断题

1. 变压器中匝数较多、线径较小的绕组一定是高压绕组。（　　）

2. 变压器既可以变换电压、电流和阻抗，又可以变换相位、频率和功率。（　　）

3. 变压器用于改变阻抗时，变压比是一次侧、二次侧阻抗的平方比。（　　）

4. 变压器空载运行时，一次绕组的外加电压与其感应电动势在数值上基本相等，而相位相差 180°。（　　）

5. 当变压器的二次侧电流增加时，由于二次绕组磁势的去磁作用，变压器铁心中的主磁通将要减小。（　　）

6. 在变压器绕组匝数、电源电压及频率一定的情况下，将变压器的铁心截面积 S 减小，根据公式 $\Phi = BS$ 可知，变压器铁心中的主磁通将要减小。（　　）

7．当变压器的二次侧电流变化时，一次侧电流也跟着变化。 （　）

四、简答题

1．变压器中感应电动势的大小与哪些因素有关？如何计算？

2．什么是主磁通？什么是漏磁通？

3．实际变压器空载运行的损耗有哪些？

五、计算题

1．变压器一次绕组为 2 000 匝，变压比 $K=30$，一次绕组接入工频电源时，铁心中的磁通最大值 $\Phi_m=0.015$ Wb。试计算一次、二次绕组的感应电动势各为多少。

2．单相变压器的一次侧电压 $U_1=380$ V，二次侧电流 $I_2=21$ A，变压比 $K=10.5$，试求二次侧电压和一次侧电流。

3．收音机的输出阻抗为450 Ω，现有 8 Ω 的扬声器与其连接，用阻抗变压器使其获得最大的输出功率，求阻抗变压器的变压比应为多大。

第四节 单相变压器的运行特性

一、填空题

1．变压器的外特性是指变压器的一次侧输入额定电压和二次侧负载的____________一定时，二次侧____________与____________的关系。

2．一般情况下，照明电压的波动不得超过__________；动力电源电压的波动不得超过__________。否则要进行调整。

3．如果变压器的负载系数为β，则它的铜损耗 P_{Cu}与负载电流的关系为__________，所以铜损耗是随__________的变化而变化的。

4．当变压器的负载功率因数 $\cos\varphi_2$一定时，变压器的效率只与__________有关；且当______________时，变压器的效率最高。

二、选择题

1．常用的电力变压器从空载到满载，电压变化率为（　　）。

A．1% ~3%　　B．3% ~5%　　C．4% ~6%　　D．6% ~8%

2．通常变压器的最高效率为β =（　　）时。

A．0.5 ~0.6　　B．0.6 ~0.7　　C．0.7 ~0.8　　D．0.8 ~0.9

三、判断题

1．变压器的外特性是用来描述输出电压 U_2随负载电流 I_2的变化而变化的情况。（　　）

2．变压器的铁损耗包括基本铁损耗和附加铁损耗两部分。（　　）

3．接容性负载对变压器的外特性影响较大，并使输出电压 U_2下降。（　　）

4．负载的功率因数对变压器外特性的影响是很大的。（　　）

5．在变压器中铜损耗与负载电流的平方成正比。（　　）

四、简答题

1．变压器的额定电压调整率是一个常数吗？它与负载性质有哪些关系？

2. 影响变压器输出电压稳定性的因素有哪些？为什么？

第五节　变压器的极性及判定

一、填空题

1. 变压器绕组的极性是指变压器一次绕组、二次绕组在同一磁通作用下所产生的感应电动势之间的相位关系，通常用________来标记。

2. 所谓同名端，是指________________________，一般用________来表示。

3. 绕组正向串联，也叫__________，即把两个线圈的_________相接，总的电动势为两个电动势______，电动势会__________。

4. 变压器同名端的判别方法有________、________和________三种。

二、选择题

1. 单相变压器一次侧、二次侧电压的相位关系取决于（　　）。

A. 一次、二次绕组的同名端

B. 对一次侧、二次侧出线端标志的规定

C. 一次、二次绕组的同名端以及对一次侧、二次侧出线端标志的规定

2. 变压器绕组反向串联时，总的电动势会（　　）。

A. 越来越大　　　B. 越来越小　　　C. 保持不变

三、判断题

1. 所谓同名端是指变压器绕组极性相同的端点。（　　）

2. 没有被同一个交变磁通所贯穿的线圈，它们之间就不存在同名端的问题。（　　）

3. 变压器的两个绕组只允许同极性并联，绝不容许反极性并联。（　　）

四、简答题

1. 什么是绕组的同名端？什么样的绕组之间才有同名端？

2．变压器绕组之间进行连接时，极性判别是至关重要的，一旦极性接反，会产生什么后果？

3．测定变压器绕组的极性时，一般采用什么方法？试简述用直流法和交流法判定变压器绕组同名端的原理和方法。

4．判断同名端和极性是一样的吗？有什么实际意义？

第二章　三相变压器

第一节　三相变压器的用途与结构

一、填空题

1. 变压器的绕组常用绝缘铝线、铜线或铜箔绕制而成，接电源的绕组称为________；接负载的称为________。

2. 按冷却方式进行分类，电力变压器可分为________变压器、________变压器、________变压器、________变压器。

3. 国产电力变压器大多数采用________，其主要部分是________和________，由它们组成器身。为了解决散热、绝缘、密封、安全等问题，还需要________、________、________、________、________、________、________和________等附件。

4. 变压器的分接开关是用来控制____________________变动，它一般装在________，通过改变一次绕组的________来调节电压。输出电压的调节范围为________的5%。

5. 安全气道又称防爆器，是用于避免油箱爆炸引起更大的危害。在密封变压器中，广泛用于__________做保护。

6. 某变压器型号为S7－500/10，其中S表示__________，数字500表示____________________________；10表示______________________________。

7. 所谓温升，是指变压器在额定工作条件下，内部绕组允许的________与____________之差。

二、选择题

1. 从工作原理来看，中、小型电力变压器的主要组成部分是（　　）。

A. 油箱和油枕　　B. 油箱和散热器
C. 铁心和绕组　　D. 外壳和保护装置

2. 油浸式中、小型电力变压器中变压器油的作用是（　　）。

A. 润滑和防氧化　　B. 绝缘和散热
C. 阻燃和防爆　　D. 灭弧和均压

3. 常用的无载调压分接开关的调节范围为额定输出电压的（　　）。

A. ±10%　　B. ±5%　　C. ±15%　　D. ±20%

4. 变压器的额定容量是指变压器在额定负载运行时（　　）。

A. 初级输入的有功功率　　B. 初级输入的视在功率
C. 次级输出的有功功率　　D. 次级输出的视在功率

5. 变压器的额定电流是指额定状况下运行时，变压器初级、次级的（　　）。

A. 线电流　　B. 相电流　　C. 线电压　　D. 相电压

三、判断题

1. 中、小型电力变压器无载调压分接开关的调节范围是其额定输出电压的 ±15%。 （　）

2. 电力变压器二次绕组的额定电压是指在一次绕组接入额定电压，二次绕组接入额定负载，分接开关位于额定分接头上时二次绕组输出的线电流。 （　）

3. 气体继电器装在油箱与储油柜之间的管道中，当变压器发生故障时，器身就会过热使油分解产生气体，发出报警信号。 （　）

4. 测量装置的实质就是热保护装置。用于检测变压器的工作温度。 （　）

5. 绕组的最高允许温度为额定环境温度加变压器额定温升。 （　）

四、简答题

1. 为什么要利用高压进行输电？

2. 电力变压器按其功能可分为哪几种？

五、计算题

一台三相变压器，额定容量 $S_N = 400\ kV \cdot A$，一次侧、二次侧额定电压为 $U_{N1}/U_{N2} = 10/0.4\ kV$，一次绕组采用星形接法，二次绕组采用三角形接法。求：

（1）一次侧、二次侧额定电流。

（2）在额定工作的情况下，一次侧、二次侧实际流过的电流。

（3）已知一次侧每相绕组的匝数是 150 匝，问二次侧每相绕组的匝数是多少？

第二节　三相变压器的联结组

一、填空题

1. 三相变压器的一次绕组、二次绕组，根据不同的需要可以有________和________。

2. 所谓三相绕组的星形接法，是指把三相绕组的尾端连在一起构成______，三个首端分别接在________的联结方法。

3. 三相变压器一次侧采用星形接法时，如果一相绕组接反，则三个铁心柱中的磁通将会________，这时变压器的空载电流也将________。

4. 三相变压器的三角形接法是指把各相________相接构成一个封闭的回路，把__________接到三相电源上去。因首尾连接顺序不同，可分为________和________两种接法。

5. 对于三相电力变压器，我国国家标准规定了五种标准联结组，它们是：________、________、__________、________、________。

6. 联结组别为 Y，d3 的三相变压器，其高压边为________接法，低压边为________接法，高压边线电压超前低压边线电压________。

二、选择题

1. Y，Y 接法的三相变压器，若二次侧 W 相绕组接反，则二次侧线电压之间的关系为(　　)。

A. $U_{VW} = U_{WU} = 1/\sqrt{3}U_{UV}$　　B. $U_{VW} = U_{WU} = \sqrt{3}U$

C. $U_{VW} = U_{UV} = 1/\sqrt{3}U_{WU}$　　D. $U_{UV} = U_{WU} = 1/\sqrt{3}U_{VW}$

2. 一台三相变压器的联结组别为 Y，Y0，其中“Y”表示变压器的(　　)。

A. 高压绕组为星形接法　　B. 高压绕组为三角形接法

C. 低压绕组为星形接法　　D. 低压绕组为三角形接法

3. 一台三相变压器的联结组别为 Y、yn0，其中“yn”表示变压器的(　　)。

A. 低压绕组为有中性线引出的星形联结

B. 低压绕组为星形联结，中性点需接地，但不引出中性线

C. 高压绕组为有中性线引出的星形联结

D. 高压绕组为星形联结，中性点需接地，但不引出中性线

4. 一台三相变压器的联结组别为 Y，d11，其中“d”表示变压器的(　　)。

A. 高压绕组为星形接法　　B. 高压绕组为三角形接法

C. 低压绕组为星形接法　　D. 低压绕组为三角形接法

5. 一台三相变压器的联结组别为 YN，d11，其中的“11”表示变压器的低压边(　　)电角度。

A. 线电势相位超前高压边线电势相位 330°

B. 线电势相位滞后高压边线电势相位 330°

C. 相电势相位超前高压边相电势相位 30°

D. 相电势相位滞后高压边相电势相位 30°

6. 将联结组别为 Y，y8 的变压器每相二次绕组的首、尾端标志互相调换，重新连接成星形，则其联结组别为（　　）。

A. Y，y10　　B. Y，y2　　C. Y，y6　　D. Y，y4

7. 一台 Y，d11 联结组别的变压器，若每相一次绕组和二次绕组的匝数比均为$\sqrt{3}/4$，则一次侧、二次侧额定电流之比为（　　）。

A. $\sqrt{3}/4$　　B. 3/4　　C. 4/3　　D. 2/3

8. 一台 Y，d11 联结组别的变压器，改接为 Y，y12 联结组别后，其输出电压、电流及功率与原来相比，（　　）。

A. 电压不变，电流减小，功率减小

B. 电压降低，电流增大，功率不变

C. 电压升高，电流减小，功率不变

D. 电压降低，电流不变，功率减小

9. 一台 Y，d 联结组别的变压器，若一次绕组、二次绕组的额定电压为 220 kV/110 kV，则该变压器一次绕组、二次绕组的匝数比为（　　）。

A. 2∶1　　B. 2∶$\sqrt{3}$　　C. 2$\sqrt{3}$∶1　　D. $\sqrt{3}$∶2

10. 一台 Y，y12 联结组别的变压器，若改接并标定为 Y，d11 联结组，则当一次侧仍能施加原来的额定功率时，其二次侧相电流将是原来额定电流的（　　）倍。

A. 1/3　　B. $1/\sqrt{3}$　　C. $\sqrt{3}$　　D. 3

三、判断题

1. 三角形接法可以使变压器的一次侧一相接反。（　　）

2. 表示三相变压器连接组别的“时钟表示法”规定：变压器高压边线电势相量为长针，永远指向钟面上的 12 点；低压边线电势相量为短针，指向钟面上哪一点，则该点数就是变压器联结组别的标号。（　　）

3. 联结组为 Y，d 的三相变压器，其联结组的标号一定是偶数。（　　）

4. Y，yn0 联结组可供三相动力和单相照明用电。（　　）

5. Y，d11 联结组用于三相四线低压照明。（　　）

6. 当三角形二次绕组接法正确时，其开口电压应该为零。（　　）

四、简答题

1. 什么是变压器绕组的星形接法？它有什么优缺点？

2. 二次侧为三角形接法的变压器，测得三角形的开口电压为 2 倍的二次侧相电压，请作图说明是由于什么原因造成的？

五、计算题

一台三相变压器一次绕组的每相匝数为 $N_1=2\ 080$ 匝，二次绕组每相匝数为 $N_2=1\ 280$ 匝，如果将一次绕组接在 10 kV 的三相电源上，试分别求变压器 Y，y_0及 Y，d_1两种接法的二次侧线电压。

第三节 三相变压器的并联运行

一、填空题

1. 为了满足机器设备对电力的要求，许多变电所和用户都采用几台变压器并联供电来提高____________。

2. 变压器并联运行的条件是____________；______________；______________。

3. 变压器并联运行接线时，要求一次侧、二次侧电压________；变压比误差不超过________。

4. 变压器并联运行时的负载分配（即电流分配）与变压器的阻抗电压________，因此，为了使负载分配合理（即容量大、电流也大），就要求它们的________都一样。

5. 并联运行的变压器容量之比不宜大于________，短路电压 U_k要尽量接近，相差不大于________。

二、选择题

1. 二次侧额定电流为 1 500 A 和 1 000 A 的两台变压器并联运行，当前一台的输出电流

为1 000 A时，后一台的输出电流为900 A，试判断这两台变压器是否满足并联运行的条件。(　　)

A. 完全满足　　　　B. 变压比相差过大

C. 短路电压相差过大　　　　D. 联结组别不同

2. 两台变压器并联运行，空载时二次绕组中有一定大小的电流，其原因是（　　）。

A. 短路电压不相等　　　　B. 变压比不相等

C. 联结组别不同　　　　D. 并联运行的条件全部不满足

三、判断题

1. 当负载随昼夜、季节而波动时，可根据需要将某些变压器解列或并联以提高运行效率，减少不必要的损耗。(　　)

2. 两台变压器只要联结组别相同就可以并联运行。(　　)

3. 联结组别不同的变压器（设并联运行的其他条件都满足）并联运行一定会烧坏。(　　)

4. 变压比不相等的变压器（设并联运行的其他条件都满足）并联运行一定会烧坏。(　　)

5. 短路电压相等的变压器（设并联运行的其他条件都满足）并联运行，各变压器按其容量大小成正比地分配负载电流。(　　)

四、简答题

1. 变压器为什么要并联运行？并联运行的条件是什么？

2. 两台容量不同的变压器并联运行时，大容量的阻抗电压应该大一点好？一样好？还是小一点好？为什么？

第四节 三相变压器的使用与维护

一、填空题

1. 电力变压器投入运行前要测量各电压级绕组对地的绝缘电阻。20～30 kV 的变压器不低于________MΩ，3～6 kV 的变压器不低于______MΩ，0.4 kV 以下的变压器不低于________MΩ。

2. 变压器投入运行中，要对仪表进行监视。电压表、电流表、功率表等应________抄表一次；在过载运行时，应每________抄表一次；电表不在控制室时，每班至少抄表________。

3. 变压器投入运行中，对变压器要进行检查。有值班人员的应每班检查________次，每天至少检查________次，每星期进行________夜间检查。无固定人员值班的至少每________月检查一次。

4. 变压器上层油温一般应在________℃以下，如油温突然升高，则可能是冷却装置有故障，也可能是变压器________故障。

二、选择题

1. 测量各电压级绕组对地的绝缘电阻时，（　　）的变压器不低于 300 MΩ。

A. 20～30 kV　　B. 3～6 kV　　C. 1～3 kV　　D. 0.4 kV 以下

2. 监视变压器运行时，对于不在控制室的电表应每班至少抄表（　　）次。

A. 1　　B. 2　　C. 3　　D. 4

3. 以下说法中，（　　）不是变压器绕组匝间或层间短路故障的原因。

A. 变压器运行年久，绕组绝缘老化

B. 绕组绝缘受潮

C. 绕组绕制不当，使绝缘局部受损

D. 导线焊接不良

4. 以下说法中，（　　）不是变压器铁心片间绝缘损坏故障的现象。

A. 空载损耗变大　　B. 气体继电器动作

C. 变压器发出异常声响　　D. 铁心发热、油温升高、油色变深

三、判断题

1. 新的或经大修的变压器投入运行后，应检查变压器声音的变化。（　　）

2. 变压器短时过负载而报警，解除音响报警后，可以不做记录。（　　）

3. 变压器绕组匝间或层间短路会使油温升高。（　　）

4. 硅钢片间绝缘老化后，变压器空载损耗不会变大。（　　）

5. 出现铁心片间绝缘损坏时，将使变压器发出异常声响。（　　）

6. 当铁心多点接地或接地不良时，可能引起铁心发热、油温升高、油色变黑等现象。（　　）

7. 变压器绕组导线焊接不良，将可能使变压器发出异常声音。（　　）

8. 造成变压器油发出“咕嘟”声的原因可能是绝缘板绝缘性能变劣。（　　）

四、简答题

1．简述变压器绕组匝间或层间短路故障的原因及处理方法。

2．简述变压器绕组接地或相间短路故障的原因及处理方法。

3．简述变压器绕组变形与断线故障的原因及处理方法。

4．简述变压器套管闪络故障的原因及处理方法。

5．简述分接开关烧损故障的原因及处理方法。

第三章　特殊变压器

第一节　自耦变压器

一、填空题

1．自耦变压器一次侧和二次侧之间既有________的联系又有________的联系。

2．自耦变压器的输出视在功率由两部分组成，一部分是通过__________从一次侧传递到二次侧的视在功率；另一部分是通过__________从一次侧传递到二次侧的视在功率。

3．为了充分发挥自耦变压器的优点，其变压比一般在______ ~ ______的范围内。

4．三相自耦变压器一般接成__________。

二、选择题

1．自耦变压器不能作为安全电源变压器使用的原因是（　　）。

A．绕组公共部分电流太小　　B．变压比为 1. 2 ~2

C．一次侧与二次侧有电的联系　　D．一次侧与二次侧有磁的联系

2．自耦变压器接电源之前应把自耦变压器的手柄位置调到（　　）。

A．最大值　　B．中间　　C．零　　D．2/3 处

3．当自耦变压器的变压比 k（　　）时，绕组中公共部分的电流 I 就很小，因此，共用的这部分绕组导线的截面积可以减小很多，减少了变压器的体积和质量。

A．接近于 1　　B．等于 2　　C．等于 1. 2 ~2　　D．小于 1

4．将自耦变压器输入端的相线与中线接反时，（　　）。

A．对自耦变压器没有任何影响

B．能起安全隔离的作用

C．会使输出零线成为高电位而使操作危险

5．自耦变压器的功率传递主要靠（　　）。

A．电磁感应

B．电路直接传导

C．两者都有

三、判断题

1．自耦变压器绕组公共部分的电流，在数值上等于一次侧、二次侧电流数值之和。（　　）

2．当自耦变压器作为降压变压器使用时，它可以作为安全隔离变压器使用。（　　）

3．自耦变压器一次侧从电源吸取的电功率，除一小部分损耗在内部外，其余的全部经一次、二次侧之间的电磁感应传递到负载上。（　　）

4．自耦变压器较普通双绕组变压器用料省、效率高。（　　）

四、简答题

自耦变压器为什么不能作安全变压器使用？使用中应注意什么问题？

五、计算题

1. 一台自耦变压器的数据如下：一次侧电压 $U_1 = 220$ V，二次侧电压 $U_2 = 200$ V，二次侧负载的功率因数 $\cos\varphi_2 = 1$，负载电流 $I_2 = 40$ A，求：

（1）自耦变压器各部分绕组的电流；

（2）电磁感应功率和直接传导功率。

2. 一台自耦变压器，一次侧电压 $U_1 = 220$ V，一次侧匝数为600匝，如果要求二次侧输出电压为380 V，求总匝数。如果二次侧接有76 Ω的负载，求各部分绕组中的电流。

第二节　仪用互感器

一、填空题

1. 互感器是一种测量______和______的仪用变压器。用这种方法进行测量的优点是使测量仪表与______、______隔离，从而保证人身和仪表的安全，又可大大减少测量中的______，扩大仪表的量程，便于仪表的______。

2. 电流互感器一次绕组的匝数______，要______连接入被测电路；电压互感器一次绕组的匝数______，要______连接入被测电路。

3. 电流互感器二次侧的额定电流一般为____A，电压互感器二次侧的额定电压一般为______V。

4. 用电流比为200/5的电流互感器与量程为5 A的电流表测量电流，电流表读数为4.2 A，则被测电流是______A，若被测电流为180 A，则电流表的读数为______A。

5. 在选择电流互感器时，必须按其______________、______________、____________________及____________适当选取。

6. 使用电流互感器时，其______________大小会影响测量的准确度，因此________应小于互感器要求的阻抗值，并且所用互感器的准确度等级应比所接的仪表准确度____两级，以保证测量的准确度。

7. 用变压比为100/0.1的电压互感器和量程为100 V的电压表测量电压，若电压表的读数为99.3 V，则被测电压为________V，若被测电压为9 950 V，则电压表的读数为______V。

8. 在选择电压互感器时，必须使其额定电压符合被测电压值，其次要使它尽量接近________状态。

9. 使用电压互感器时，其二次绕组接功率表或接电能表的______线圈时，要注意______不能接错。

10. 电流互感器的二次侧严禁______运行，电压互感器的二次侧严禁______运行。

11. 为了保证安全，互感器的______和______要可靠接地。

二、选择题

1. 如果不断电拆装电流互感器二次侧的仪表，则必须（　　）。

A. 先将一次侧断开　　B. 先将一次侧短接

C. 直接拆装　　D. 先将一次侧接地

2. 决定电流互感器一次侧电流大小的因素是（　　）。

A. 二次侧电流　　B. 二次侧所接负载

C. 变流比　　D. 被测电路

3. 电流互感器二次侧回路所接仪表或继电器，必须（　　）。

A. 串联　　B. 并联　　C. 混联　　D. 任意连接

4. 电流互感器二次侧回路所接仪表或继电器，其阻抗必须（　　）。

A. 高　　B. 低　　C. 高或者低　　D. 既有高，又有低

5. 电流互感器的二次侧开路运行的后果是（　　）。

A. 二次侧电压为零

B. 二次侧产生危险高压，铁心过热

C. 二次侧电流为零，促使一次侧电流近似为零

D. 二次侧产生危险高压，变换到一次侧，使一次侧电压更高

三、判断题

1. 利用互感器使测量仪表与高电压、大电流隔离，从而保证仪表和人身安全，又可大

大减少测量中能量的损耗，扩大仪表量程，便于仪表的标准化。（　　）

2. 电流互感器的变流比，等于二次侧匝数与一次侧匝数之比。（　　）

3. 与普通变压器一样，当电流互感器二次侧短路时，将会产生很大的短路电流。（　　）

4. 互感器负载的大小，对测量的准确度有一定的影响。（　　）

5. 为了防止短路造成的危害，在电流互感器和电压互感器二次侧电路中，都必须装设熔断器。（　　）

6. 互感器既可以用于交流电路，又可以用于直流电路。（　　）

7. 正常运行时，电流互感器二次侧近似于短路状态，而电压互感器二次侧近似于开路状态。（　　）

8. 应根据测量准确度和电流要求来选用电流互感器。（　　）

四、简答题

1. 电流互感器工作在什么状态？电流互感器为什么严禁二次侧开路？为什么二次侧和铁心要接地？

2. 电压互感器工作在什么状态？电压互感器为什么二次侧不能短路？

3. 电压互感器在使用中应注意什么？

第三节　电焊变压器

一、填空题

1. 电焊变压器是__________的主要组成部分，它具有____的外特性。

2. 常用的电焊变压器有______________、________和______三种，它们用不同的方法，改变____以达到调节输出电流的目的。

3. 外加电抗器式电焊变压器是一台____变压器的二次侧输出端再串接一台____电抗器而成。它主要通过改变电抗器的____大小来实现电流的调节。若气隙增大，电抗____，输出电流就____。

4. 磁分路动铁式电焊变压器，粗调焊接电流的方法是改变________，细调焊接电流的方法是____________________。

5. 动圈式电焊变压器的一次绕组和二次绕组越近，耦合就越紧，漏抗就____，输出电压就高，下降陡度就小，输出电流就大；反之，电流____。

二、选择题

1. 下列关于电焊变压器性能的几种说法中正确的是（　　）。
   A. 二次侧输出电压较稳定，焊接电流也稳定
   B. 空载时二次侧电压很低，短路电流不大，焊接时二次侧电压为零
   C. 二次侧电压空载时较大，焊接时较低，短路电流不大
   D. 二次侧输出电压较稳定，焊接时较低，短路电流不大

2. 为了适应电焊工艺的要求，交流电焊变压器的铁心应（　　）。
   A. 有较大且可调的空气隙　　B. 有很小且不变的空气隙
   C. 有很小且可调的空气隙　　D. 没有空气隙

3. 为了满足电焊工艺的要求，交流电焊机在额定负载时的输出电压应为（　　）V左右。
   A. 85　　B. 60　　C. 30　　D. 15

4. 为了满足电焊工艺的要求，交流电焊机应具有（　　）的外特性。
   A. 平直　　B. 陡降　　C. 上升　　D. 稍有下降

5. 带电抗器的电焊变压器供调节焊接电流的分接开关应接在电焊变压器的（　　）。
   A. 一次绕组　　B. 二次绕组
   C. 一次绕组和二次绕组　　D. 串联电抗器之后

6. 若要调大带电抗器的交流电焊机的焊接电流，可将电抗器的（　　）。
   A. 铁心空气隙调大　　B. 铁心空气隙调小
   C. 线圈向内调　　D. 线圈向外调

7. 要将带电抗器的电焊变压器的焊接电流调小，应将其电抗器铁心气隙（　　）。
   A. 调大　　B. 调小　　C. 不变　　D. 先调大后调小

8. 磁分路动铁式电焊变压器的一、二次绕组（　　）。
   A. 应同心地套在一个铁心柱上

B. 分别套在两个铁心柱上

C. 二次绕组的一部分与一次绕组同心地套在一个铁心柱上，另一部分单独套在另一个铁心柱上

D. 一次绕组的一部分与二次绕组同心地套在一个铁心柱上，另一部分单独套在另一个铁心柱上

9. 带电抗器的交流电焊变压器其一、二次绕组应（　　）。

A. 同心地套在一个铁心柱上　　B. 分别套在两个铁心柱上

C. 使二次绕组套在一次绕组外边　　D. 使一次绕组套在二次绕组外边

10. 若要调小磁分路动铁式电焊变压器的焊接电流，可将动铁心（　　）。

A. 调出　　B. 调入

C. 向左心柱调节　　D. 向右心柱调节

三、判断题

1. 交流电焊机的主要组成部分是漏抗较大且可调的变压器。（　　）

2. 若使动圈式电焊变压器的焊接电流为最小，应使一、二次绕组间的距离最大。（　　）

3. 动圈式电焊变压器的铁心是壳式结构，铁心的气隙是可调的。（　　）

4. 交流电焊机为了保证容易起弧，应具有 60 ~ 75 V 的空载电压。（　　）

5. 交流电焊机为了保证容易起弧，应具有 100 V 的空载电压。（　　）

6. 电焊变压器具有陡降的外特性，其电压调整率降低。（　　）

7. 电焊变压器的输出电压，随负载电流的增大而略有增大。（　　）

四、简答题

1. 电焊变压器应满足哪些条件？

2. 动圈式电焊变压器是如何调节电流的？它在性能上有什么缺点？

3. 简述弧焊变压器及导线接线处过热的原因。

4. 简述焊接电流不稳定、引弧困难或电弧不稳定的原因。

5. 简述焊接输出电流反常的处理措施。

第四章　三相异步电动机

第一节　三相异步电动机的工作原理

一、填空题

1．三相异步电动机根据结构形式可分为________、________、________和________。

2．三相异步电动机根据转子形式可分为________和________。

3．旋转磁场产生的必要条件有两个：（1）____________；（2）____________。

4．旋转磁场的转向是由接入三相绕组中电流的________决定的，改变电动机任意两相绕组所接的电源接线（相序），旋转磁场即________。

5．三相定子绕组中产生的旋转磁场的转速 n_1 与________成正比，与________成反比。

6．三相异步电动机转子的速度总是________旋转磁场的速度，因此称为异步电动机。

二、选择题

1．在三相交流异步电动机的定子上布置有（　　）的三相绕组。

A．结构相同，空间位置互差 90°电角度

B．结构相同，空间位置互差 120°电角度

C．结构不同，空间位置互差 180°电角度

D．结构不同，空间位置互差 120°电角度

2．在三相交流异步电动机定子绕组中通入三相对称交流电，则在定子与转子的空气隙间产生的磁场是（　　）。

A．恒定磁场　　　　B．脉动磁场

C．为零的合成磁场　　　　D．旋转磁场

3．在三相交流异步电动机定子上布置结构完全相同、在空间位置上互差 120°电角度的三相绕组，分别通入（　　），则在定子与转子的空气隙间将会产生旋转磁场。

A．直流电　　　　B．交流电

C．脉动直流电　　　　D．三相对称交流电

4．某进口的三相异步电动机额定频率为 60 Hz，现工作在 50 Hz 的交流电源上，则电动机的转速将（　　）。

A．有所提高　　B．相应降低　　C．保持不变　　D．与频率无关

5．若电源频率为 50 Hz 的 2 极、4 极、6 极、8 极四台异步电动机的同步转速为 n_1、n_2、n_3、n_4，则 $n_1:n_2:n_3:n_4$ 等于（　　）。

A. 12∶6∶4∶3　　　　B. 1∶2∶3∶4

C. 4∶3∶2∶1　　　　D. 1∶4∶6∶9

三、判断题

1. 只要在三相交流异步电动机的每相定子绕组中都通入交流电流，便可产生定子旋转磁场。（　　）

2. 旋转磁场的转速越快，则异步电动机的磁极对数越多。（　　）

3. 转差率 s 是分析异步电动机运行性能的一个重要参数，当电动机转速越快时，则对应的转差率也越大。（　　）

4. 电动机额定运行时的转差率称为额定转差率 s_N，s_N 一般为 0.01 ~ 0.07。（　　）

四、简答题

1. 简述三相异步电动机的工作原理。

2. 三相电动机安装的步骤有哪些？

3. 如何安装电动机的传动装置？

4. 安装电动机的操作开关和熔断器时应注意哪些问题？

5. 对电动机电源线的敷设有哪些要求？

五、计算题

1. 电源频率$f_1 = 50$ Hz，额定转差率$s = 0.04$，分别求2极、4极、6极三相异步电动机的同步转速。

2. 有一台三相异步电动机的磁极数为4，额定转速为1 440 r/min，接入频率为$f_1 = 50$ Hz电源上，求其同步转速n_1、转差率s。

第二节 三相异步电动机的结构

一、填空题

1. 三相异步电动机均由__________和__________两大部分组成。

2. 电动机的静止部分称为定子，主要由__________、__________和__________等部件。

3. 转子是电动机的旋转部分，由________、__________、__________和__________等组成。

4. 三相异步电动机铁心的作用是作为__________的一部分，并在铁心槽内放置__________。

5. 三相异步电动机定子绕组的接法有_________型接法和_________型接法。

6. 三相异步电动机转子绕组的作用是产生_________和________，并在旋转磁场的作用下产生_______而使转子转动。

7. 绝缘等级是指三相电动机所采用的_________的耐热能力，它表明_________允许的最高工作温度。耐热能力可分为______、______、______、______、______五个等级。

8. 工作制是指三相电动机的运转状态，即允许连续使用的时间，分为_________、_________、_________三种。

9. 轴承的拆卸目前采用__________、__________、______________、__________、______________五种方法。

10. 将轴承装套到轴颈上。目前有_____和_____两种方法，一般情况下用_____。

二、选择题

1. 交流三相异步电动机定子铁心的作用是（　　）。

A. 构成电动机磁路的一部分　　B. 加强电动机机械强度

C. 通入三相交流电产生旋转磁场　　D. 用来支撑整台电动机质量

2. 一般中小型异步电动机转子与定子间的气隙为（　　）。

A. 0.2 ~ 1 mm　　B. 1 ~ 2 mm　　C. 2 ~ 2.5 mm　　D. 3 ~ 5 mm

3. 三相异步电动机的定子铁心及转子铁心均采用硅钢片叠压而成，其原因是（　　）。

A. 减少铁心的能量损耗　　B. 允许电流通过

C. 价格低廉，制造方便　　D. 增加铁心的能量损耗

4. 国产小功率三相笼型异步电动机转子导体最广泛采用的是（　　）。

A. 铜条结构转子　　B. 铸铝转子

C. 深槽式转子　　D. 铸铜转子

5. 下列型号的电动机中，（　　）是三相交流异步电动机。

A. Y—132S—4　　B. Z_2—32　　C. SJL—500/10　　D. ZQ—32

6. 某三相交流异步电动机的铭牌参数如下：$U_N = 380$ V，$I_N = 15$ A，$P_N = 7.5$ kW，$n_N = 960$ r/min，$f_n = 50$ Hz。对这些参数理解正确的是（　　）。

A. 电动机正常运行时三相电源的相电压为 380 V

B. 电动机额定运行时每相绕组中的电流为 15 A

C. 电动机额定运行时电源向电动机输入的电功率是 7.5 kW

D. 电动机额定运行时同步转速比实际转速快 40 r/min

7. 拆除风扇罩及风扇叶轮时，将固定风扇罩的螺钉拧下来，用木锤在与轴平行的方向从不同的位置上（　　）风扇罩。

A. 向内敲打　　B. 向上敲打　　C. 向下敲打　　D. 向外敲打

8. 电动机装轴承时，用煤油将轴承及轴承盖清洗干净，检查轴承有无裂纹、是否灵活、（　　），如有问题则需更换。

A. 间隙是否过小　　　　　　　　　　　B. 是否无间隙

C. 间隙是否过大　　　　　　　　　　　D. 间隙是否变化很大

9. 安装转子时，将转子对准定子中心，沿着定子圆周的中心线缓缓地向定子里送进，送进过程中（　　）定子绕组。

A. 不得接触　　　B. 可以碰擦　　　C. 远离　　　D. 不得碰擦

三、判断题

1. 三相异步电动机的机座主要由铸铁或铸钢制造。（　　）

2. 三相异步电动机的定子铁心和转子铁心都是由硅钢片叠装而成的。（　　）

3. 三相交流异步电动机的额定电压和额定电流是指电动机的输入线电压和线电流。（　　）

4. 三相交流异步电动机的额定功率是指电动机轴上输出的机械功率。（　　）

5. 只要看国产三相异步电动机型号中的最后一个数字，就能估算出电动机的转速。（　　）

6. 额定转速表示三相异步电动机在额定工作情况下运行时每秒钟的转数。（　　）

7. 不需要更换轴承，可将轴承用汽油洗干净，用干净的布擦干。（　　）

8. 抽出转子时，应小心谨慎、动作缓慢，要求不可歪斜，以免碰到定子绕组。（　　）

9. 拆卸轴承时，拉具的丝杆顶点要对准转子轴端中心，动作要慢，用力要均匀。（　　）

10. 2 极电动机加入新的润滑脂，加入量应为轴承空腔容积的 1/3 ~ 1/2。（　　）

11. 4 极或 4 极以上电动机加入新的润滑脂，加入量应为轴承空腔容积的 2/3，轴承内外盖加入新的润滑脂，加入量应为盖内容积的 1/3 ~ 1/2。（　　）

四、简答题

1. 笼型异步电动机和绕线型异步电动机在结构上有哪些主要的相同点和不同点?

2. 如何拆卸传动带轮?

3．如何拆卸风罩和风叶？

4．如何拆卸轴承？

5．如何安装轴承？

第三节　三相异步电动机的定子绕组

一、填空题

1．三相异步电动机的定子绕组根据结构上的区别可分为__________、__________和__________绕组。

2．极距 τ 是指每一磁极______________，极距通常用____________表示。已知48 槽 8 极电动机，则极距 τ 为__________。

3．线圈节距是指一个线圈的__________所跨接定子圆周的距离。根据节距的大小，绕组可分为三种，一般采用__________绕组和__________绕组，而__________绕组一般不用。

4．2 极电动机的三相定子绕组总共包含的电角度为________，4 极电动机包含的电角度为________。

5．极相组又称为__________，它是把__________________________而成的，三相定子绕组的极相组数目为__________。

6．三相单层绕组是指一个槽内安装__________个线圈边，整个绕组数等于总槽数的

__________。

7．某电动机为三相单层绕组，已知 $Z_1=48$，$2p=8$，则 $q=2$，$\tau=6$，绕组元件的实际跨距为______。

8．某电动机为三相单层绕组，已知 $Z_1=24$，$2p=4$，假设 U 相绕组的首端为第 2 槽，则 V 相和 W 相绕组的首端分别为第__________槽和__________槽。

9．三相单层绕组中，使用最广泛的是__________绕组。同心绕组一般只在嵌线比较困难的__________极电动机中使用，一般只在每极每相槽数为奇数时采用__________绕组。

10．双层绕组是指一个槽中分__________、__________两个线圈边的绕组。整个绕组的线圈数__________槽数。

11．在画双层绕组展开图时，用实线表示__________层边，用虚线表示__________层边。

12．Y—250S—8 三相异步电动机为双层叠绕组，$Z_1=72$，则 $q=$__________，$\tau=$__________，线圈实际跨距 y 为 1—9，则该绕组为____绕组，$y=$__________τ。

13．双层叠绕组每相有__________个极相组，而每个极相组都有可能单独成为一条支路，因此双层叠绕组每相的最多并联支路数等于__________数。而双层波绕组中只有__________条支路。

14．双层波绕组的连接规律是先把所有的__________下属于__________的线圈串联起来构成一组，再把余下的线圈按同样规律串联成另一组，最后将两组线圈__________。

二、选择题

1．一台三相异步电动机定子铁心槽是 24 槽，旋转磁场的极数为 6 极，则极距是（　　）槽。

A．8　　B．4　　C．3　　D．2

2．绕组节距 y 是指一个绕组与元件的两个有效边之间的距离，在选择绕组节距时应该（　　）。

A．越大越好　　B．越小越好　　C．接近极距　　D．等于极距

3．设有一个线圈的一个有效边嵌放在第 1 槽，另一个有效边嵌放在第 8 槽，则其节距为（　　）。

A．1　　B．5　　C．7　　D．8

4．4 极三相异步电动机定子绕组若为单层绕组，则一般采用（　　）。

A．整距绕组　　B．短距绕组　　C．长距绕组　　D．波绕组

5．由于交叉式绕组是由一组大线圈和一组小线圈组合而成，因此它主要用于（　　）的绕组中。

A．$q=2$　　B．$q=3$　　C．$q=4$　　D．$q=5$

6．三相单层绕组的三种不同结构形式中，各绕组与元件的节距与结构都完全相同的绕组是（　　）。

A．链式绕组　　B．同心式绕组　　C．交叉式绕组　　D．波绕组

7．三相异步电动机定子绕组若为双层绕组，则一般采用（　　）。

A．整距绕组　　B．短距绕组　　C．长距绕组　　D．超长距绕组

8．三相双层绕组的参数为 $Z_1=36$，$2p=4$，则可要求 $\tau=9$，则实际中的节距 y 为（　　）。

A. $\frac{5}{9}\tau$　　B. $\frac{7}{9}\tau$　　C. $\frac{8}{9}\tau$　　D. τ

三、判断题

1. 三相定子绕组的磁极数越多，所对应的极距 τ 就越大。（　）

2. 为了尽量缩短绕组端接部分的长度，在设计定子绕组时，可以把一个绕组元件的两个有效边分别嵌放在相邻两个定子铁心槽内。（　）

3. 三相单层绕组的三种结构形式产生的电磁效果基本上是一样的，因此凡是采用单层绕组的电动机从原理上讲随便使用哪种结构形式都可以。（　）

4. 同心式绕组由于各绕组元件同心地嵌放，短接部分不互相交叉，嵌线较方便，因此一般只在嵌线比较困难的小功率两极电动机中采用。（　）

5. 双层绕组可以选择最有利的节距，以使异步电动机的旋转磁场波形接近于正弦波。（　）

6. 双层绕组可以像叠绕组一样，每相的并联支路数等于磁极数。（　）

四、简答题

1. 三相绕组必须满足的基本要求有哪些？

2. 三相单层绕组有何结构特点？若按线圈的形式分类，单层绕组可分成几种？各有什么特点？

3. 什么是三相双层绕组？其主要优缺点各有哪些？

五、计算与画图题

Y—132M1—6 三相异步电动机定子绕组数据为：单层链式 $2p=6$，$Z_1=36$，跨距为1—6。

（1）计算各绕组参数；

（2）画出 U 相展开图；

（3）确定 V 相及 W 相首尾端的槽号。

第四节　三相异步电动机的功率与电磁转矩

一、填空题

1. 功率相同的电动机，磁极数越多，转速______，输出转矩______。

2. 电动机稳定运行时，作用在电动机转子上有三个转矩：使电动机旋转的__________、由电动机的机械损耗和附加损耗所引起的__________、__________。

3. 定子和转子上的铜耗，它与__________，因此与负载的______有关。

4. 铁损耗包括磁滞损耗和涡流损耗，它与定子上所加的__________成正比。

5. 三相异步电动机的电磁转矩的计算公式是：____________________；电磁转矩与__________，__________的变化将显著地影响电动机的输出转矩。

6. 三相异步电动机转子电路的感应电动势、转子漏电抗、转子电流等参数随转速的增加而__________，而转子电路的功率因数随转速的增加而__________。

二、选择题

1. 当电动机正常运行时，转子电流或电动势的频率取决于转子与旋转磁场的相对转速，转子频率 $f_2=sf_1$，仅为（　　）Hz。

A. 1～3　　B. 10～15　　C. 15～25　　D. 50

2. 对于输出功率相同的异步电动机，下列说法正确的是（　　）。

A. 若极数多，则转速低，输出转矩就大

B. 若极数少，则转速高，输出转矩就大

C. 输出转矩与极数无关

D. 若极数多，则转速低，输出转矩就小

3. 电磁转矩的大小与旋转磁场的磁通 Φ_m 和转子电流 I_2 的乘积（　　）。

A. 成正比　　B. 成反比

C. 的平方成正比　　D. 无关

4. 转差率对转子电路的参数有很大的影响，下列说法中错误的是（　）。

A. 转子电路中的感应电动势的频率与转差率成正比

B. 转子电路中的感应电动势的大小与转差率成正比

C. 转子电路中绕组的阻抗与转差率成正比

D. 转子电路中功率因数的大小与转差率有关

5. 当外加电源电压 U_1 不变时，定子绕组的主磁通 Φ_m（　　）。

A. 基本不变　　B. 增加　　C. 减少　　D. 先增加后减少

6. 有 A、B 两台电动机，其额定功率和额定电压均相等，但 A 为 4 极电动机，B 为 6 极电动机，则它们的额定转矩 T_A、T_B 与额定转速 n_A、n_B 的关系为（　　）。

A. $T_A < T_B, n_A > n_B$　　B. $T_A > T_B, n_A < n_B$

C. $T_A = T_B, n_A > n_B$　　D. $T_A = T_B, n_A = n_B$

三、判断题

1. 三相异步电动机的输入功率等于输出功率与空载损耗之和。（　　）

2. 当电动机正常运行时，转子的铁损很小，所以定子的铁损为整个电动机的铁损 P_{Fe}。（　　）

3. 当加在三相异步电动机定子绕组上的电压不变时，电动机内部的铁损耗就维持不变，它不受转子转速的影响。（　　）

4. 三相异步电动机中，电磁转矩等于输出转矩与空载转矩之和。（　　）

5. 三相异步电动机中，电磁转矩的大小与电压的平方成正比。（　　）

6. 不管三相异步电动机其转速如何改变，定子绕组上的电压、电流的频率及转子绕组的电动势、电流的频率总是固定不变的。（　　）

7. 转子中的电动势及电流的频率与转差率 s 成正比。（　　）

8. 当转子不动时（$s=1$），转子内的感应电动势最小。（　　）

9. 转子绕组的阻抗在启动瞬间最大，随转速（s 下降）的增加而减少。（　　）

10. 当转子不动时（$s=1$），功率因数很小。（　　）

11. 当电动机正常运行时，转子电流或电动势的频率取决于转子与旋转磁场的相对转速。（　　）

四、简答题

1. 简述三相异步电动机的功率转换过程。

2. 三相笼型异步电动机在启动时启动电流很大，但启动转矩并不大，为什么？

五、计算题

Y—160M—2 型三相异步电动机额定功率是 11 kW，额定转速 n_N =2 930 r/min，试求其额定转矩。

第五节　三相异步电动机的机械特性

一、填空题

1. 异步电动机的工作特性是指在额定电压和额定频率下，电动机的__________、__________、__________、__________和__________与__________之间的关系曲线。

2. 异步电动机的损耗可分为________和________两部分。

3. 异步电动机的机械特性曲线是指__________、__________一定时，电动机的__________为横坐标，__________为纵坐标画出的曲线。

4. 人为机械特性是指人为改变电动机__________或__________而得到的机械特性。

5. 异步电动机的最大转矩与__________正比，而与________无关。异步电动机的最大转差率 s_m 与转子电路电阻 r_2 的大小无关。

6. 异步电动机的额定转矩不能太接近________，以使电动机有一定的________，电动机的过载系数是指________和________之比，过载系数的值通常为__________。

7. 异步电动机的机械特性可以分成两大部分：随着________的增加，________相应减少，这一区域称为__________；随着________的增加，________相应增大，这一区域称为__________。

8. 异步电动机在稳定运行区运行，负载变化时电动机转速________，属于__________机械特性。

二、选择题

1. 一般异步电动机，额定负载时的转差率 s_N = （　　）。

A. 0.01 ~0.05　　B. 0.01 ~0.1　　C. 0.01 ~0.2　　D. 0.1 ~0.2

2. 对于中小型异步电动机，最高效率出现在（　　）P_N左右。

A. 0.5　　B. 0.6　　C. 0.75　　D. 3.1

3. 一般电动机额定负载下的效率为（　　），容量越大的，额定效率 η_N 越高。

A. 50% ~60%　　B. 50% ~70%　　C. 60% ~80%　　D. 74% ~94%

4. 异步电动机空载时，定子电流几乎全部是无功的磁化电流，因此 $\cos\varphi_1$很低，通常小于（　　）。

A. 0.1　　B. 0.2　　C. 0.3　　D. 0.4

5. 目前国产 Y 系列及 Y2 系列三相异步电动机的启动转矩倍数约为（　　）。

A. 1　　B. 1.5　　C. 2.0　　D. 3.0

6. 一般情况下，三相异步电动机的 λ 值为（　　）。

A. 1.2 ~1.8　　B. 1.8 ~2.2　　C. 2.0 ~3.2　　D. 3.0 ~5

7. 由转矩特性分析可知，电动机临界转差率 $s_m=\frac{R_2}{X_{20}}$，为了增大启动转矩，希望转子回路电阻 R_2（　　）。

A. 越大越好　　B. 越小越好　　C. 等于 X_{20}　　D. 为 3.0 Ω

8. 三相异步电动机要保持稳定运行，其转差率 s 应该（　　）。

A. 小于临界转差率　　B. 等于临界转差率

C. 大于临界转差率　　D. 不小于临界转差率

9. 不希望三相异步电动机空载或轻载运行的主要原因是（　　）。

A. 功率因数低　　B. 定子电流较大

C. 转速太高有危险　　D. 定子电流较小

三、判断题

1. 随着电动机输出功率 P_2的增加，转速将下降。（　　）

2. 随着电动机负载的增大，转速下降，$\dot{I}_2$ 增大，相应 $\dot{I}_1$ 也增大。（　　）

3. 容量越小的电动机，额定效率 η_N 越高。（　　）

4. 异步电动机空载时，定子电流几乎全部是无功的磁化电流，因此 $\cos\varphi_1$很低，通常小于0.2。（　　）

5. 电动机的转速越低，转差率越大，转子上的铜耗量就越大，输出的机械功率就越低，电动机的效率就越低。（　　）

6. 固有机械特性是指异步电动机工作在额定电压和额定频率时的机械特性。（　　）

7. 三相异步电动机的硬特性非常适用于一般金属切削机床。（　　）

8. 人为机械特性是指人为改变电动机参数或电源参数而得到的机械特性。（　　）

9. 最大转矩 T_m的大小与电源电压 U_1有关，还与转子总电阻 R_2的大小有关。（　　）

10. 产生最大转矩时的临界转差率 s_m与电源电压 u_1无关，但与转子电路的总电阻 R_2成正比。（　　）

11. 三相异步电动机在机械特性曲线的稳定运行区运行时，当负载转矩减少时，则电动

机的转速将有所增加，电流及电磁转矩将减少。（　　）

12. 风机型负载在转速增大时，负载转矩也增大，因此能在异步电动机机械特性的不稳定运行区运行。（　　）

13. 启动转矩倍数越大，说明异步电动机带负载启动的性能越好。（　　）

四、简答题

1. 什么叫三相异步电动机的机械特性？试画出机械特性曲线，并在曲线上标出 T_{st}、T_N、T_m和对应的 s_m和 s_N。

2. 为什么三相异步电动机的额定转矩 T_N比最大转矩 T_m小得多？能否把额定转矩值取得接近于最大转矩值。

五、计算题

1. Y—90L—6 三相异步电动机额定功率 $P_N = 1.1$ kW，额定转速 $n_N = 910$ r/min，$\lambda_{st} = \frac{T_{st}}{T_N} = 2$，$\lambda = \frac{T_m}{T_N} = 2.2$，试求 s、T_{st}、T_m的值。

2．某台三相异步电动机额定功率 $P_N = 2.8$ kW，额定转速 $n_N = 1\ 430$ r/min，堵转转矩倍数为 1.9，当电源电压降为额定值的 85% 时，求堵转转矩。

3．某台三相异步电动机 $T_N = 70.2$ Nm，堵转转矩倍数为 1.8，负载转矩 $T_L = T_N$，问电源电压降为额定电压的 80% 时，电动机能否启动？

第六节　三相异步电动机的启动

一、填空题

1．启动是指三相异步电动机通电后转速从__________开始逐渐加速到________的过程。笼型异步电动机的启动有________和________两种。

2．绕线式异步电动机的启动方法有转子回路串__________和串__________两种。

3．三相异步电动机 Y—△降压启动时，启动电流为直接用△启动时______，所以对降低电动机的启动电流很有效。但启动转矩也只有直接启动转矩的______，此法不适用于电动机__________启动。

4．容量在______________的三相异步电动机一般均可采用直接启动。

5．由独立的动力变压器供电时，允许直接启动的电动机容量不超过变压器容量的__________。

6．降压启动一般适用于电动机__________或__________启动。

二、选择题

1．三相异步电动机降压启动需要在空载或轻载下启动，常见的降压方法有（　　）种。

A．2　　B．3　　C．4　　D．5

2. 异步电动机作 Y—△降压启动时，每相定子绕组上的启动电压是正常工作电压的 $1/\sqrt{3}$倍；则启动电流是正常工作电流的（　　）倍。

A. 1　　B. $1/\sqrt{3}$　　C. 1/3　　D. $\sqrt{3}$

3. 转子绕组串接电阻启动的方法适用于（　　）的启动。

A. 异步电动机　　B. 绕线式电动机

C. 笼型电动机　　D. 单相异步电动机

4. 三相笼型异步电动机直接启动电流较大，一般可达额定电流的（　　）倍。

A. 2~3　　B. 3~4　　C. 4~7　　D. 10

5. 当异步电动机采用星形—三角形降压启动时，每相定子绕组承受的电压是三角形接法全压启动时的（　）倍。

A. 2　　B. 3　　C. $1/\sqrt{3}$　　D. 1/3

6. 适用于电动机容量较大且不允许频繁启动的降压启动方法是（　　）。

A. 星形—三角形　　B. 自耦变压器

C. 定子串电阻　　D. 延边三角形

7. 异步电动机采用启动补偿器启动时，其三相定子绕组的接法（　　）。

A. 只能采用三角形接法　　B. 只能采用星形接法

C. 只能采用星形—三角接法　　D. 三角形接法及星形接法都可以

三、判断题

1. 电容容量在 180 kV · A 以上，电动机容量在 7 kW 以下的三相异步电动机可直接启动。（　　）

2. 软启动器实际上就是由微处理器来控制双向晶闸管交流调压装置。（　　）

3. 绕线转子异步电动机串接电阻启动，既可降低启动电流，又能提高电动机的启动转矩。（　　）

4. 当绕线转子异步电动机在轻载启动时，采用频敏变阻器法启动的优点较明显，如重载启动时一般采用串联电阻启动。（　　）

5. 软启动器启动是通过控制双向晶闸管的导通角来改变三相异步电动机启动时加在三相定子绕组上的电压，以控制电动机的启动特性。（　　）

6. 当电动机启动时在电网上引起的电压降不超过 15%~20% 时，就允许直接启动。（　　）

7. 自耦变压器降压启动的缺点是设备体积大，投资较贵，不能频繁启动，主要用于带一定负载启动的设备上。（　　）

四、简答题

1. 三相异步电动机 Y—△降压启动时的特点有哪些？分别适用于哪些场合？

2．三相异步电动机自耦变压器降压启动时的特点有哪些？分别适用于哪些场合？

3．简述三相绕线异步电动机串子串频敏变阻器降压启动的原理。

五、计算题

一台 20 kW 的三相异步电动机，其启动电流与额定电流之比为 6∶5，变压器容量为 5 690 kV · A，试问能否全压启动。另有一台 75 kW 的三相异步电动机，其启动电流与额定电流之比为 7∶1，试问能否全压启动。

第七节　三相异步电动机的调速

一、填空题

1．异步电动机的调速方法有改变________调速、改变______调速和改变________调速三种方法。

2．双速异步电动机的调速方法有：____________调速、____________调速。

3．改变转差率 s 调速实际上是改变转子的转速 n，方法主要有改变________________或改变______________。

4．异步电动机的变频调速有三种方式：__________、__________和__________。

二、选择题

1. 能实现无级调速的调速方法是（　　）。

A. 变极调速

B. 改变转差率调速

C. 变频调速

2. 转子串电阻调速适用于（　　）异步电动机。

A. 笼型　　B. 绕线式　　C. 电磁调速

3. 变电源电压调速只适用于（　　）调速。

A. 风机类　　B. 恒转矩　　C. 起重机械

4. 下列方法中，属于改变转差率调速的是（　　）调速。

A. 变电源电压　　B. 变频　　C. 变磁极对数

5. 三相异步电动机变极调速的方法一般只适用于（　　）。

A. 笼型异步电动机　　B. 绕线式异步电动机

C. 同步电动机　　D. 滑差电动机

6. 双速电动机的调速属于（　　）调速方法。

A. 变频　　B. 改变转差率

C. 改变磁极对数　　D. 降低电压

7. 三相绕线转子异步电动机的调速控制可采用（　　）的方法。

A. 改变电源频率　　B. 改变定子绕组磁极对数

C. 转子回路并联频敏变阻器　　D. 转子回路串联可调电阻

三、判断题

1. 变极调速只用于笼型异步电动机且调速要求不高的场合。（　　）

2. 三相异步电动机的变极调速属于无级调速。（　　）

3. 为了避免转子绕组变极的困难，绕线转子异步电动机不采用变极调速。（　　）

4. 绕线式异步电动机调速用的外接串联电阻功率较大，可以用做启动。（　　）

5. 对于Y/YY联结的双速电动机，其变极调速前后的输出功率基本不变，因此适用于负载功率基本恒定的恒功率调速。（　　）

6. △/YY联结的双速电动机，其变极调速前后的输出转矩基本不变，因此适用于负载转矩基本恒定的恒转矩调速。（　　）

7. 变频调速时恒电流控制（过载能力 λ 不变）机械特性曲线与恒磁通控制的机械特性曲线相类似，只是过载能力小，用于负载容量小且变化不大的场合。（　　）

四、简答题

1. 简述三相异步电动机改变磁极对数调速的特点。

2. 简述绕线式异步电动机转子串电阻调速的特点。

3. 为什么风机类负载用的笼型异步电动机可采用调电源电压调速？当电动机拖动恒转矩负载时能否用此法调速？为什么？

第八节 三相异步电动机的反转与制动

一、填空题

1. 异步电动机的转向取决于________的方向，要改变异步电动机的转向，只要改变接入定子绕组的______________，即把电动机的______________相互对调。

2. 三相异步电动机在制动时利用电磁抱闸机构来使电动机迅速停转的方法称为________。

3. 三相异步电动机的电气制动有__________、__________和__________等。

二、选择题

1. 要使三相异步电动机的旋转磁场方向改变，只需要改变（　　）。

A. 电源电压　　B. 电源相序　　C. 电源电流　　D. 负载大小

2. 三相异步电动机的能耗制动是向三相异步电动机定子绕组中通入（　　）电流。

A. 单相交流　　B. 三相交流　　C. 直流　　D. 反相序三相交流

3. 反接制动时，旋转磁场反向转动，与电动机的转动方向（　　）。

A. 相反　　B. 相同　　C. 不变　　D. 垂直

4. 起重机电磁抱闸制动原理属于（　　）制动。

A. 电力　　B. 机械　　C. 能耗　　D. 反接

5. 三相异步电动机采用能耗制动，切断电源后，应将电动机（　　）。

A. 转子回路串电阻　　B. 定子绕组两相绕组反接

C. 转子绕组进行反接　　D. 定子绕组送入直流电

三、判断题

1. 要使三相异步电动机反转，只要改变定子绕组任意两相绕组的相序即可。 （　）

2. 反接制动由于制动时对电动机产生的冲击较大，因此应串入限流电阻，而且仅用于小功率异步电动机。 （　）

3. 三相异步电动机的机械制动一般常采用电磁抱闸制动。 （　）

4. 能耗制动的特点是制动平稳，对电网及机械设备冲击小，而且不需要直流电源。 （　）

5. 能耗制动的制动转矩大，制动迅速。 （　）

6. 再生发电制动是一种比较经济的制动方法。 （　）

7. 再生发电制动常用于在位能负载作用下的起重机械和多速异步电动机由高速转为低速时的情况。 （　）

四、简答题

1. 比较三相异步电动机三种电气制动的特点及适用场合。

2. 负载倒拉反接制动与再生制动有什么联系与区别?

第九节　三相异步电动机的选用与检修

一、填空题

1. 工作制是指三相电动机的运转状态，即允许连续使用的时间，可分为________、________、________三种。

2. 三相异步电动机的选用原则包括：根据供电电源的________和________来选择；根据电动机的________来选择；根据________情况来选择；根据电动机的________来选择。

3. 我国 Y 及 Y2 系列笼型电动机的供电电压为________。

4. 定子绕组的短路故障按发生地点划分为________、________和________三种。

5. 修理后的电动机直流电阻的测定一般在________下进行。绕组电阻可采用________

测量，所测各相电阻偏差与其平均值之比不得超过__________。

6. 修理后的电动机的空载试验主要为了确定________和________。

7. 三相异步电动机的耐压试验在________________上进行，试验电压种类为________。对 1 kW 以下电动机，试验电压有效值为__________；对额定电压为 380 V、功率在 1 ~ 3 kW的试验电压值为__________；额定功率在 3 kW 以上的试验电压值为__________。试验电压一般从零逐步升高到__________，并保持__________。

二、选择题

1. 对于低压电动机，如果测得绝缘电阻小于（　　），应及时修理。

A. 3 MΩ　　B. 2 MΩ　　C. 1 MΩ　　D. 0.5 MΩ

2. 三相异步电动机的常见故障有：电动机过热、电动机振动、（　　）。

A. 将三角形联结误接为星形联结　　B. 笼条断裂

C. 绕组头尾接反　　D. 电动机启动后转速低或转矩小

3. 三相异步电动机某相定子绕组出线端有一处对地绝缘损坏，给电动机带来的故障是（　　）。

A. 电动机停转　　B. 电动机温度过高而冒烟

C. 电动机外壳带电　　D. 电动机转速低或转矩小

4. 进行集电环修理时，如果集电环表面的烧伤、凹凸沟槽深度达 1 mm 左右，损伤面积达 20% ~30% 时，应上（　　）进行切削。

A. 砂轮　　B. 磨床　　C. 铣床　　D. 车床

5. 用兆欧表逐相测量定子绕组与外壳的绝缘电阻，当转动摇柄时，指针指到零，说明绕组（　　）。

A. 击穿　　B. 短路　　C. 断路　　D. 接地

6. 三相异步电动机定子绕组检修时，用短路探测器检查短路点，若检查的线圈有短路，则串接在探测器回路的电流表读数（　　）。

A. 就小　　B. 不变　　C. 等于零　　D. 就大

7. 测定电动机绕线组冷态直流电阻时，小于 1 Ω 必须用（　　）。

A. 单臂电桥　　B. 摇表　　C. 接地摇表　　D. 双臂电桥

8. 电动机绝缘电阻的测量，对于 3 ~6 kV 的高压电动机电阻不得低于（　　）。

A. 2 MΩ　　B. 5 MΩ　　C. 10 MΩ　　D. 20 MΩ

9. 进行三相异步电动机对地绝缘耐压试验时，当线圈是局部修理时，试验电压可低些，高压电动机则为（　　）倍的额定电压。

A. 1.0　　B. 1.3　　C. 1.5　　D. 2.0

三、判断题

1. 在比较干燥，尘土较少，不会有水滴、杂物等浸入的场合可选用防护式电动机。（　　）

2. 在水中工作可选用水密式或潜水式电动机。（　　）

3. 对起重机械、空气压缩机等应选用连续工作制的电动机。（　　）

4. 一般情况下以选用 2 极（$2p=1$）三相异步电动机为宜。（　　）

5. 电动机定子与铁心或机壳间因绝缘损坏而相碰，称为接地故障。（　　）

6. 电动机定子绕组内部连接线、引出线等断开或接头处松脱所造成的故障称为绕组断路故障。 ( )

7. 检修后的电动机，主要测定各绕组间、各绕组与地间冷态绝缘电阻。对于500 V以下的电动机，绝缘电阻不应低于0.5 MΩ。 ( )

四、简答题

1. 选择电动机的原则有哪些?

2. 造成绕组接地故障的原因有哪些?

3. 如何检查接地故障?

4. 如何修理绕组的接地故障?

5. 如何检查绕组断路的故障?

6. 如何修理绕组断路的故障？

7. 绕组短路故障产生的原因有哪些？如何检查绕组短路故障？

8. 分析接通电源后，电动机不能启动或有异常的声音的原因。

第五章　单相异步电动机

第一节　单相异步电动机的结构及原理

一、填空题

1. 单相异步电动机是利用单相电源供电的一种______交流电动机。它具有________、________、________等优点。

2. 单相异步电动机一般只制成________和________系列，容量一般在几瓦至几百瓦之间。

3. 为解决单相异步电动机的启动问题，通常在单相异步电动机定子上安装两套绕组，一套是________又称主绕组，另一套是________又称副绕组。

4. 单相异步电动机的启动开关主要有________、__________和__________三种。

5. 单相罩极电动机转子一般为________转子，定子铁心有________和________两种结构，一般采用________结构。

6. 脉动磁场的磁通大小随__________的变化而变化，但磁场的轴线空间位置不变。因此，磁场不会旋转，当然也不会产生________。

7. 如果在单相异步电动机的定子铁心上仅嵌有一组绕组，那么通入单相正弦交流电时，电动机气隙中仅产生________磁场，该磁场是没有________的。

8. 单相异步电动机根据结构形式分为______________、______________和______________。

9. 单相异步电动机根据启动和运行方式分为____________式、____________式、____________式、____________式和________异步电动机。

二、选择题

1. 单相交流电通入单相绕组产生的磁场是（　　）。

A. 旋转磁场　　B. 恒定磁场　　C. 脉动磁场　　D. 正弦交变磁场

2. 目前，国产洗衣机中广泛应用的单相异步电动机大多属于（　　）。

A. 单相罩极异步电动机

B. 单相电容启动异步电动机

C. 单相电容运行异步电动机

D. 单相双值电容运行异步电动机

3. （　　）有较大的启动转矩，广泛应用于小型机床设备中。

A. 单相罩极异步电动机　　B. 单相电容启动异步电动机

C. 单相电容运行异步电动机　　D. 单相双值电容运行异步电动机

三、判断题

1. 内转子结构形式的单相异步电动机，其定子铁心及定子绕组置于电动机内部，转子

铁心、转子绕组压装在下端盖内。 （ ）

2. 单相异步电动机转子与三相异步电动机笼型转子相同，采用笼型结构。 （ ）

3. 单相罩极异步电动机主要适用于小功率空载启动场合。如计算机散热风扇、仪表风扇、电唱机等。 （ ）

4. 单相罩极电动机转子一般为笼型转子。 （ ）

5. 单相电阻启动式异步电动机，常用于电冰箱、空调压缩机中。 （ ）

6. 电磁启动继电器主要用于专用电动机上。 （ ）

四、简答题

1. 单相异步电动机产生旋转磁场的条件是什么？

2. 简述单相双电容启动式异步电动机的拆卸步骤。

第二节　典型的单相异步电动机

一、填空题

1. 电容分相单相异步电动机有__________、__________和__________三种。

2. 单相电容运行异步电动机的结构________，使用维护方便，堵转电流小，有较高的效率和功率因数。

3. 电阻分相单相异步电动机的定子铁心上也嵌放着两套绕组，在电动机运行过程中，工作绕组自始至终接在电路中，一般工作绕组占定子总槽数的________，启动绕组占定子总槽数的________。

4. 单相罩极电动机的优点主要是________、制造方便、成本低、运行时噪声小、维护方便。罩极电动机的缺点主要是启动性能及运行性能较差，效率和功率因数都较低，方向________改变。

5. 电流启动型继电器的线圈与工作绕组串联，电动机启动时工作绕组电流大，继电器动作，触头闭合，________启动绕组。随着转速的上升，工作绕组中的电流减小，触头断开，________启动绕组。

6．电容启动电动机具有__________的启动转矩（一般为额定转矩的1.5～3.5倍），但启动电流相应增大，适用于__________启动的机械，如小型空压机、洗衣机、空调器等。

7．根据获得启动转矩的方法不同，电动机的结构也存在较大差异，主要分为__________电动机和__________电动机两大类。

二、选择题

1．单相交流电通入单相绕组产生的磁场是（　　）。

A．旋转磁场　　B．恒定磁场　　C．脉动磁场　　D．变化磁场

2．单相罩极式异步电动机的转动方向（　　）。

A．总是由磁极的未罩部分转向被罩部分

B．总是由磁极的被罩部分转向未罩部分

C．决定于定子绕组首、尾端的接线关系

D．决定于电源的相序

3．电容或电阻启动式单相异步电动机的启动绕组占铁心总槽数的（　　）。

A．1/2　　B．1/3　　C．2/3　　D．3/4

三、判断题

1．气隙磁场为脉动磁场的单相异步电动机能自行启动。（　　）

2．给在空间互差90°电角度的两相绕组内通入同相位交流电，就可产生旋转磁场。（　　）

3．单相电容运行异步电动机启动后，因其一次绕组与二次绕组中的电流是同相位的，所以称为单相异步电动机。（　　）

4．单相罩极电动机是单相异步电动机中结构最简单的一种。（　　）

5．单相罩极电动机一般用于空载启动的小功率场合。（　　）

6．单相电阻启动式异步电动机上，目前广泛采用PTC元件替代电阻和启动开关。（　　）

四、简答题

1．说明单相电容运行异步电动机的启动原理。

2．比较单相电容运行、单相电容启动、单相电阻启动异步电机的运行特点及适用场合。

3．单相罩极异步电动机的优缺点分别是什么？

第三节　单相异步电动机的运行

一、填空题

1．需要单相电容启动异步电动机反转时，可把工作绕组或二次绕组任意一组的________对调过来即可。

2．洗衣机的拖动电动机的反转是由定时器开关改变电容器接法，使________与________对换，实现正反转交替运转的。

3．单相启动异步电动机常用的调速方法有______________、______________和________。

4．单相启动异步电动机串电抗器调速方法简单、操作方便；但只能________调速，且电抗器上有________。

5．利用改变晶闸管的导通角调速，可以使电风扇实现__________调速。

二、选择题

1．改变单相电容启动异步电动机的转向时，只要将（　　）。

A．一、二次绕组对调　　B．一、二次绕组中任意一组首尾端对调

C．电源的相线与零线对调　　D．启动绕组与工作绕组对调

2．交流调速控制的发展方向是（　　）。

A．变频调速　　B．电动机内部抽头调速

C．电抗器调速　　D．变极调速

3．单相异步电动机的电抗器调速法是将电抗器与电动机绕组（　　）。

A．串联　　B．并联　　C．混联　　D．任意连接

4．单相异步电动机接线时，需正确区分工作绕组与启动绕组，并注意它们的首、尾端。如果出现标志脱落，则电阻大者为（　　）。

A．工作绕组　　B．辅助绕组　　C．主回路

三、判断题

1．若要单相电动机反转，就必须要旋转磁场反转。（　　）

2．罩极电动机的旋转磁场是根据主磁极和罩极的相对位置来决定的，不能随意控制反转。所以它一般用于不需改变转向的场合。（　　）

3．单相变频调速已经广泛用于家用电器。（　　）

4．内转子结构形式的单相异步电动机，其定子铁心及定子绕组置于电动机内部，转子铁心、转子绕组压装在下端盖内。（　　）

四、简答题

1. 如何改变单相电容启动异步电动机的转向？它与改变电容运行电动机转向的方法是否相同？

2. 对于风机类负载，单相异步电动机的调速方法有哪几种？试比较其优缺点。

第四节　单相异步电动机的绕组

一、填空题

1. 单相异步电动机定子绕组按电动机类别的不同可分成两类：一类是________，另一类是________。大多数单相异步电动机均采用________。

2. 按绕组的结构及布置方式不同可分为单__________绕组、__________绕组、__________绕组和__________绕组等。

3. 单相异步电动机单层链式绕组由__________绕组和__________绕组两部分组成，对电容运转电动机而言，通常__________和__________绕组相等，各占定子铁心槽数的__________。

4. 一台 4 极 24 槽单相异步电动机，它的极距为__________槽，如果是电容启动电动机，那么每个磁极下工作绕组占__________槽；且采用__________________相带。

5. 正弦绕组是指绕组在各个定子铁心槽中的线圈匝数不是均匀分布的，而是按照________分布，而且在每个槽内工作绕组、________相互重叠。

二、选择题

1. 单相异步电动机单层链式绕组的线圈数等于定子槽数的（　　）。

A. 1/2　　B. 1/3　　C. 1/4　　D. 2/3

2．对电容启动和电阻启动电动机而言，由于启动绕组只在启动时起作用，启动后即切除、属短时间通电，故工作、启动绕组所占铁心槽数通常按（　　）分配。

A．1∶2　　B．1∶1　　C．2∶1　　D．2∶3

3．目前（　　）绕组主要用于磁极数多，电动机结构为外转子、内定子的吊风扇电动机上。

A．单层链式　　B．同心式　　C．交叉式　　D．双层叠

4．同心式绕组嵌线比较简单，一般在嵌线困难的条件下，如（　　）极电动机或功率小时选用。

A．2　　B．4　　C．6　　D．8

三、判断题

1．大部分单相异步电动机的定子绕组均采用分布式绕组。（　　）

2．正弦绕组虽然工艺复杂，但是能改善电动机的性能，已在洗衣机、电冰箱中得到广泛应用。（　　）

3．单相异步电动机的工作绕组和启动绕组在空间上互差90°。（　　）

4．单相异步电动机的维修就是要通过看、闻、听、摸等方式随时注意电动机的运行状态。（　　）

5．电动机绕组短路或接地是电动机转动时噪声大或振动大的原因。（　　）

四、计算与画图题

1．单相电容异步电动机定子的槽数 $z=12$，极数 $2p=2$，试画出单层链式绕组的展开图。

2．简述单相异步电动机无法启动的原因。

3．简述单相异步电动机转速低于正常转速故障的原因。

4．分析单相异步电动机过热的原因。

5．简述通电后电动机不转的故障处理办法。

6．简述电动机转动时噪声大或振动大的原因。

7．单相异步电动机启动转矩很小或启动迟缓且转向不定的原因有哪些？

第六章　直流电动机

第一节　直流电动机的原理及结构

一、填空题

1．直流电动机按其工作原理的不同分为两大类，把机械能转换为直流电能输出的电动机称为____________；而将直流电能转换为机械能输出的电动机称为____________。

2．直流电动机主磁极的作用是产生________，它主要由________和________两大部分组成。

3．直流电动机的电刷装置主要由______、______、______、______和______等组成。

4．直流电动机的电枢铁心是________的一部分，一般都用____________叠压而成。它的槽中嵌放有________。

5．电枢绕组的作用是通过电流产生________和________实现能量转换。

6．直流电动机的温升是指电动机在额定运行时，________________。

7．某直流电动机的定额方式为断续定额，其负载持续为40%，则一个周期内其工作时间为____min。

8．直流电动机按主磁极励磁绕组的接法不同，可分为________、________、________和________四种。

9．他励电动机的励磁电流由________________供电，因此励磁电流的大小与电动机本身的端电压大小无关。

10．主磁极上有两个励磁绕组的电动机称为______电动机。当两个绕组产生的磁通方向一致时，称为________电动机。

二、选择题

1．直流电动机主磁极的作用是（　　）。

A．产生换向磁场　　B．产生主磁场

C．削弱主磁场　　D．削弱电枢磁场

2．直流电动机主磁场是指（　　）。

A．主磁极产生的磁场　　B．电枢电流产生的磁场

C．换向极产生的磁场　　D．交流电流产生的磁场

3．直流电动机中的换向极由（　　）组成。

A．换向极铁心　　B．换向极绕组

C．换向器　　D．换向极铁心和换向极绕组

4．直流电动机中的换向器是由（　　）而成。

A. 相互绝缘的特殊形状的梯形硅片组装

B. 相互绝缘的特殊形状的梯形铜片组装

C. 特殊形状的梯形铸铁加工

D. 特殊形状的梯形整块钢板加工

5. 直流发电机中换向器的作用是（　　）。

A. 把电枢绕组的直流电动势变成电刷间的交流电动势

B. 把电枢绕组的交流电动势变成电刷间的直流电动势

C. 把电刷间的直流电动势变成电枢绕组的交流电动势

D. 把电刷间的交流电动势变成电枢绕组的直流电动势

6. 直流电动机换向极的作用是（　　）。

A. 削弱主磁场　　B. 增强主磁场

C. 抵消电枢磁场　　D. 产生主磁场

7. 直流电动机的某一个电枢绕组在旋转一周的过程中，通过其中的电流是（　　）。

A. 直流电流　　B. 交流电流

C. 脉冲电流　　D. 互相抵消正好为零

8. 中、小型直流电动机的主磁极铁心一般用（　　）制造。

A. 硅钢片　　B. 软铁片　　C. 钢片　　D. 铝片

9. 直流电动机中换向器的作用是（　　）。

A. 把交流电压变成电动机的直流电流

B. 把直流电压变成电动机的交流电流

C. 把直流电压变成电枢绕组的直流电流

D. 把直流电流变成电枢绕组的交流电流

10. 直流电动机中的电刷是为了引导电流，在实际应用中一般都采用（　　）。

A. 铜质电刷　　B. 银质电刷

C. 金属石墨电刷　　D. 电化石墨电刷

11. 直流电动机铭牌上的额定电流是（　　）。

A. 额定电枢电流　　B. 额定励磁电流

C. 电源输入电动机的电流　　D. 实际电枢电流

三、判断题

1. 直流电动机的基本工作原理是通电导体在磁场中受力。（　　）

2. 换向器是直流电动机中换向的关键部件。（　　）

3. 直流电动机中的换向器用以产生换向磁场，以改善电动机的换向。（　　）

4. 直流电动机的运行是可逆的，即一台直流电机既可作发电机运行，又可作电动机运行。（　　）

5. 直流电动机的电枢铁心由于在直流状态下工作，通过的磁通是不变的，因此完全可以用整块的导磁材料制造，而不必用硅钢片制成。（　　）

6. 为了改善换向，所有的直流电动机必须加装换向极。（　　）

7. 既然换向器的作用是把流过电刷两端的直流电流变成电枢绕组中的交流电流，以使直流电动机的电枢绕组在不同的极性下所受的作用力方向不变，那么直接给电枢绕组通入交

流电就可以取消换向器。（ ）

8．电刷利用压力弹簧的压力以保证有良好的接触。（ ）

9．电刷装置的同一刷杆上可并接一组刷握和电刷。一般刷杆数与主磁极数相等。（ ）

10．断续定额的直流电动机不允许连续运行，而连续运行的直流电动机允许断续运行。（ ）

11．串励电动机的励磁绕组匝数多，导线较细。（ ）

12．复励电动机的两个定子绕组产生的磁通方向一致时，称为差复励电动机。（ ）

四、简答题

1．简述直流电动机的工作原理。

2．直流电动机定子主要由哪几部分组成？各部分的作用分别是什么？

3．有直流串励电动机和并励电动机各一台（没有铭牌、功率大体相近），请问用什么方法判断这两台电动机？

4．简述直流电动机的拆卸步骤。

5. 直流电动机运行中如何观察火花？如何判断火花大小？

6. 如何调整电刷的几何中性线？

第二节 直流电动机的电枢绕组

一、填空题

1. 不论是单叠绕组或单波绕组，其换向片数等于__________，也等于__________，它们的合成节距等于换向器______。

2. 直流电动机的电枢绕组由于相邻两元件的连接规律不同，可分为______________、____________、____________、____________及______________________________。其中____________和____________是最常用的。

3. 绕组元件嵌入电枢槽内能切割磁感应线产生感应电动势的部分称为__________。每个元件有________________。

4. 单叠绕组的并联支路数等于__________；单波绕组的并联支路数等于__________。

二、选择题

1. 直流电动机中，电枢铁心的实槽数 Z 和虚槽总数 Z_0 的关系为（　　）。

A. $Z=Z_0$　　B. $Z>Z_0$　　C. $Z<Z_0$　　D. $Z \geqslant Z_0$

2. 直流电动机的电枢绕组不论是单叠绕组还是单波绕组，第一元件的下层边到相邻的下一元件的上层边之间的距离都称为（　　）。

A. 合成节距　　B. 第一节距　　C. 第二节距　　D. 第三节距

3. 在组成直流电动机单叠绕组时，从节省有色金属材料角度出发，应采用（　　）。

A. 左行绕组　　B. 右行绕组　　C. 两者均可　　D. 一半左行一半右行

4. 直流电动机的电枢绕组为单叠绕组，则其并联支路数（　　）。

A. 等于主磁极数　　B. 等于主磁极对数

C. 恒等于2　　D. 恒等于1

5. 采用均压线后可改善换向条件，但（　　）绕组可不需要连接均压线。

A. 单波　　B. 单叠　　C. 单波、单叠

三、判断题

1. 整距绕组和短距绕组是常用的绕组。（　）

2. 由于绕组的端线仅起到连接作用，所以在条件允许的情况下，端线应越短越好，以节省有色金属。（　）

3. 不论是单叠绕组还是单波绕组，它们的第一个元件的下层边和下一元件的上层边都是连接在同一换向片上的。（　）

4. 直流电动机的电刷对数恒等于主磁极对数，只有在单叠绕组中成立，在单波绕组中不受限制。（　）

5. 采用均压线的目的主要是减少电刷与换向器表面的火花，因此所有直流电动机的电枢绕组都有均压线。（　）

6. 单波绕组和蛙形绕组不需要均压线。（　）

四、简答题

1. 单叠绕组与单波绕组的区别是什么？

2. 为什么直流电动机的电枢元件的第一节距 y_1 等于或接近极距 τ，如果 $y_1=2\tau$ 则情况如何？

第三节　直流电动机的电动势、电磁转矩和功率

一、填空题

1. 直流电动机运行时，电枢绕组元件在磁场中运动切割磁感应线产生电动势，称为____________。

2．直流电动机中产生的电枢电动势与外加电源电压及电流方向______，称为________。

3．电磁力在电枢上产生的转矩称为__________。

4．电磁转矩对直流电动机来说是__________；对直流发电机来说是__________，其方向与发电机的转动方向______。

5．电磁功率从机械角度来讲是__________与________的乘积，从电的角度来讲是________与__________的乘积。

6．直流电动机的损耗包括______损耗和______损耗，______损耗又包括______损耗和______损耗。

7．直流电动机的______是指它的输出______功率与输入____功率之比，并用百分数表示。

8．直流电动机吸取电能在电动机内部产生的电磁转矩，一小部分用来克服摩擦及铁损耗所引起的转矩，主要部分就是轴上的有效______转矩；它们之间的平衡关系可用______________表示。

9．直流电机的电枢反应是指__________对________的影响，它不论对直流电动机或直流发电机都将带来__________。

10．电枢反应对直流电动机的影响是电刷与换向器表面的火花______，电动机的____________有所减少。

二、选择题

1．直流电动机的空载损耗（　　）。

A．随电枢电流的增加而增加

B．与电枢电流的平方成正比

C．与电枢电流无关

D．与电枢电流的平方成反比

2．直流电动机的空载转矩是指与（　　）。

A．电磁功率对应的转矩

B．输出功率对应的转矩

C．空载损耗功率对应的转矩

3．直流电动机加装换向极的目的是（　　）。

A．增强主磁场　　B．削弱主磁场

C．抵消电枢磁场　　D．削弱换向磁场

4．在并励电动机中，为了改善电动机换向而装设的换向极，其换向即绕组（　　）。

A．应与主磁极绕组串联

B．与电枢绕组串联

C．一组与电枢绕组串联，另一组与主磁极绕组串联

D．与电枢绕组并联

三、判断题

1．直流电动机中产生的电枢电动势用来与外加电压平衡。（　　）

2．制造好的直流电动机其电磁转矩仅与电枢电流和气隙磁通成正比。（　　）

3．电磁转矩是由电源供给电动机的电能转换而来的，是电动机的驱动转矩。（　　）

4．不论是直流发电机还是直流电动机，电磁转矩的方向总是和电机的旋转方向一致。（　）

5．不论何种电动机，实际工作时都存在功率损耗。（　）

6．直流电动机的输入电功率，扣除空载损耗以后，即为电动机的输出机械功率。（　）

7．直流电动机的铜耗包括电枢绕组、换向极绕组、励磁绕组等的电阻损耗和电刷的接触损耗。（　）

8．直流电动机的不变损耗是指空载损耗，它包括铜损耗和铁损耗。（　）

四、简答题

1．写出直流电动机的功率平衡方程式，并说明方程式中各符号所代表的意义。式中哪几部分的数值与负载大小基本无关？

2．直流电机产生的电磁转矩 $T=C_T\Phi I_a$ 对于直流发电机和直流电动机来说，所起的作用有什么不同？

3．什么叫做直流电动机的电枢反应？电枢反应对直流电动机带来哪些影响？

第四节　直流电动机的机械特性

一、填空题

1．直流电动机的机械特性曲线是指它的______与____________间的关系曲线。

2．并励电动机具有________的机械特性，负载增大时，转速下降，具有________特性。

3. 串励电动机具有____的机械特性，负载较小时，转速较高，负载增大时，转速________，这种特性适用于______变化较大且不能______的场合。

4. 积复励电动机的机械特性介于______和______电动机的机械特性之间，具有串励直流电动机的________大、________强的优点，而没有______转速很高的缺点。

5. 直流电动机的人为机械特性是指通过改变______________、______________、____________等方法得到的机械特性。

6. 运行中的并励电动机切忌______________，所以励磁回路不允许装开关及熔断器。

7. 串励电动机不允许__________及______传动。

二、选择题

1. 串励电动机的机械特性是一条（ ）。

A. 直线　B. 下线　C. 双曲线　D. 抛物线

2. 一般他励电动机的转速调整率 Δn 为（ ）。

A. 3% ~8%　B. 8% ~10%　C. 10% ~15%　D. 15% ~20%

3. 串励电动机具有软的机械特性，因此适用于（ ）。

A. 转速要求基本不变的场合　B. 转矩要求基本不变的场合

C. 输出功率基本不变的场合　D. 输出电流基本不变的场合

4. 并励电动机改变电枢电压调速得到的人工机械特性与自然机械特性相比，其特性硬度（ ）。

A. 变软　B. 变硬　C. 不变　D. 先变软后变硬

5. 并励电动机改变励磁回路电阻调速得到的人工机械特性与自然机械特性相比，其特性硬度（ ）。

A. 变软　B. 变硬　C. 不变　D. 先变软后变硬

三、判断题

1. 他励直流电动机的自然机械特性具有硬的机械特性。（ ）

2. 并励直流电动机从空载增加到额定负载时转速下降不多。（ ）

3. 并励直流电动机在空载或轻载运行时，如果励磁回路断开会造成飞车事故。（ ）

4. 串励直流电动机不允许空载或轻载运行。（ ）

5. 复励直流电动机的机械特性介于他励和串励电动机的机械特性之间。（ ）

6. 电枢回路串电阻的人为机械特性是一组放射型直线。（ ）

7. 他励直流电动机电枢串入电阻越大，机械特性曲线越倾斜。（ ）

8. 他励直流电动机改变电压 U 的人为机械特性是一组平行直线。（ ）

四、简答题

1. 并励直流电动机和串励直流电动机的机械特性主要有什么不同？根据它们的机械特性说明它们的主要用途。

2. 什么是直流电动机的人为机械特性？并画图说明他励直流电动机的三种人为机械特性曲线。

第五节　直流电动机的运行

一、填空题

1. 直流电动机启动瞬间，转速为零，____________也为零，加之电枢电阻又很小，所以启动电流很大，可达额定电流的____________倍。

2. 直流电动机的启动方法有____________启动和________启动。

3. 直流电动机的调速方法有：改变____________调速、改变____________调速、改变__________________调速等。

4. 当直流电动机负载大小和磁通不变时，电枢两端电压与转速的关系是电压______转速______，因端电压不能超过额定电压值，故改变电源电压调速转速只能______。

5. 改变电枢回路电阻调速时，转速随电枢回路电阻的增加而________，机械特性将会________。

6. 改变励磁回路电阻调速时，转速随主磁通的减少而________，但最高转速常控制在________倍额定转速以下。

7. 改变直流电动机旋转方向的方法有两种，一种是改变____________方向，另一种是改变____________方向。若同时采用以上两种方法，则直流电动机的旋转方向______。

8. 直流电动机常用的电气制动方法有______制动、______制动、____________制动。

9. 再生制动是直流电动机处于__________运行状态，电磁转矩对电动机起制动作用。

10. 反接制动时，当电动机降低至________时，应及时切断电源，防止________反转。

二、选择题

1. 直流电动机的启动电流通常可达到额定电流的10~20倍，所以要限制启动电流，一般把启动电流限制在（　　）I_N的范围内。

A. 1.5~2.5　　B. 4~7　　C. 3~5　　D. 5~10

2. 要改变直流电动机的转动方向，以下方法可行的是（　　）。

A. 改变电流的大小　　B. 改变磁场的强弱

C. 改变电流的方向或磁场方向　　D. 同时改变电流和磁场的方向

3. 运行着的并励直流电动机，当其电枢电路的电阻和负载转矩都一定时，若降低电枢电压后，主磁极磁通仍维持不变，则电枢转速将（　　）。

A. 升高　　B. 降低　　C. 不变　　D. 先升高后降低

4. 直流电动机的能耗制动是指切断电源后，把电枢两端接到一只适宜的电阻上，此时电动机处于（　　）。

A. 电动机状态　　B. 发电机状态

C. 惯性状态　　D. 反接制动状态

5. 直流电动机反接制动时，电枢电流很大，是因为（　　）。

A. 电枢反电动势大于电源电压

B. 电枢反电动势为零

C. 电枢反电动势与电源电压同方向

D. 电枢反电动势与电源电压反方向

6. 直流电动机在进行电枢反接制动时，应在电枢回路中穿入一定的电阻，所串电阻值不同、制动的快慢也不同，若所串电阻阻值较小，则制动过程所需时间（　　）。

A. 较长　　B. 较短　　C. 不变　　D. 与电阻值大小无关

三、判断题

1. 直流电动机的启动电流通常可达到额定电流的 10 ~ 20 倍。（　　）

2. 直流电动机通常采用降低电枢电压和电枢回路串电阻两种方法启动。（　　）

3. 同时改变励磁电流和电枢电流的方向，可改变直流电动机的转向。（　　）

4. 除小容量电动机外，直流电动机一般不允许直接启动。（　　）

5. 直流并励电动机的励磁绕组绝不允许开路。（　　）

6. 并励直流电动机启动时，应先将励磁回路电阻由小往大调节。（　　）

7. 在并励直流电动机电枢回路中串联启动电阻，除启动时刻用来限制启动电流外，运行时调节此电阻，又可起调速的作用。（　　）

8. 改变励磁回路电阻调速法可自由地增大或减小转速，是一种应用范围非常广的调速方法。（　　）

9. 使用并励直流电动机时，发现转向不对，应将接到电源两端的两根线对调一下即可。（　　）

10. 电磁转矩与电枢旋转方向相反时，电动机处于制动运行状态。（　　）

11. 电枢反电动势大于电源电压时，直流电动机处于制动运行状态。（　　）

12. 并励直流电动机进行反接制动时，应同时在电枢线路串入适当的电阻，否则其电枢反向制动电流将达到近乎两倍直接启动电流值，电动机将受到损伤。（　　）

四、简答题

1. 直流电动机调速的方法有哪几种？各有何特点？

2. 采用励磁反接的方法使并励电动机反转，将会产生什么后果？

3. 直流电动机常用的电气制动方法有哪几种？并比较其优缺点。

第六节　直流电动机的使用与维护

一、填空题

1. 应根据______大小正确选择电动机的功率，一般电动机的额定功率要比负载所需的功率稍________一些，以免电动机______。

2. 应根据负载转速正确选择电动机的______，其原则是使电动机和被驱动的生产机械都在______转速下运行。

3. 一般要求转速恒定的机械选用____________电动机；起重及运输机械选用____________电动机。

4. 直流电动机在通电前必须检查电动机______、____________、____________等是否完全符合规定。

5. 监视电动机的换向火花，一般直流电动机在运行中电刷与换向器表面__________看不到火花，或只有________________火花。

二、选择题

1. 监视直流电动机的电源电压时，一般电压的变动量应限制在额定电压的 ±（　　）范围内。

A. 5% ~10%　　B. 10% ~15%　　C. 15% ~20%　　D. 20% ~25%

2. 在额定负载的情况下，一般直流电动机只允许有不超过（　　）级的火花。

A. $\frac{1}{2}$　　B. 1　　C. $1\frac{1}{2}$　　D. 2

3．造成直流电动机无法启动的原因不包括（　　）。

A．电源无电压　　B．励磁回路断开

C．电刷回路断开　　D．启动电流太大

4．造成直流电动机电刷下火花过大的原因不包括（　　）。

A．电刷不在中心线上　　B．电刷压力不当

C．换向器表面不光洁　　D．电动机轻载

5．（　　）不是造成直流电动机机壳带电的主要原因。

A．电动机受潮后绝缘电阻下降　　B．引出线碰壳

C．各绕组绝缘损坏造成对地短路　　D．正、反转过于频繁

6．因负载长期过载引起电动机温升过高故障的处理措施是（　　）。

A．更换功率大的电动机　　B．检查电源电压

C．分别检查原因　　D．避免不必要的正、反转

三、判断题

1．一般电动机的额定功率要比负载所需的功率稍大一些，以免电动机过载。（　　）

2．直流电动机的轴承外盖边缘处不允许有漏油现象。（　　）

3．造成电动机转速过高的原因可能是电源电压过低，主磁场过弱，电动机负载过轻。（　　）

四、简答题

1．如何正确使用直流电动机？

2．电动机在使用前应检查哪些项目？

3．简述直流电动机无法启动故障的可能原因。

4．简述直流电动机电刷下火花过大故障的可能原因和处理方法。

5．简述直流电动机机壳带电故障的可能原因和处理方法。

第七章　同 步 电 机

第一节　同步电机的结构及类型

一、填空题

1. 在交流电机中，转子转速严格等于同步转速的电机称为____________。它包括____________、____________和____________。

2. 同步电机按结构分，有______和______两种。

3. 同步电机按通风方式分为__________、__________和__________。按冷却方式分为__________冷却、__________冷却和__________冷却。

4. 同步发电机的定子铁心一般由__________________叠成，沿轴向叠成多段形式，各段间留有通风槽。

5. 水轮同步发电机的转子磁极由厚度为____________________叠成，磁极两端有磁极压板。

6. 汽轮同步发电机的转速较______，为了减少高速旋转引起的__________，转子一般做成细长的__________圆柱体。

7. 水轮同步发电机转速较______，要发出工频电能，发电机的______比较多。因此，发电机的转子常做成直径大、轴向长度短的__________结构。

二、选择题

1. 按功率转换关系，同步电机可分为（　　）类。

A. 1　　B. 2　　C. 3　　D. 4

2. 汽轮发电机的转子一般做成隐极式，采用（　　）。

A. 良好导磁性能的硅钢片叠加而成

B. 良好导磁性能的高强度合金钢锻成

C. 1 ~ 1.5 mm 厚的钢片冲制后叠成

D. 整块铸钢或锻钢制成

3. 同步发电机的定子上装有一套在空间上彼此相差（　　）的三相对称绕组。

A. 30°电角度　　B. 60°电角度　　C. 90°电角度　　D. 120°电角度

4. 同步电动机的转子磁极上装有励磁绕组，由（　　）励磁。

A. 正弦交流电　　B. 三相对称交流电

C. 直流电　　D. 脉冲电流

三、判断题

1. 同步电机主要分为同步发电机和同步电动机两类。　（　　）

2. 当在同步电动机的定子三相绕组中通入三相对称交流电流时，将会产生电枢旋转磁

场，该磁场的旋转方向取决于三相交流电流的初相角的大小。（　　）

3．同步电机与异步电机一样，主要是由定子和转子两部分组成。（　　）

4．同步发电机运行时，必须在励磁绕组中通入直流电来励磁。（　　）

四、简答题

1．为什么同步电动机大多采用旋转磁极式结构？

2．汽轮发电机和水轮发电机在结构特点上有什么不同？

第二节　同步电机的工作原理

一、填空题

1．同步发电机磁极对数 p 以及电力系统 f 一定时，发电机的转速 n 为恒值，则 n = ________________。

2．同步发电机定子绕组感应电动势的频率取决于它的______和______。

3．汽轮发电机磁极对数 $p=1$，我国交流频率为 50 Hz，汽轮发电机转速应为____________r/min。

4．同步发电机转速为 150 r/min，要求发出 60 Hz 的交流电，此发电机有__________对磁极。

5．同步发电机的励磁方式主要有__________励磁和__________励磁两大类。

6．同步发电机半导体励磁系统分__________和__________两种。

二、选择题

1．转速为 $n=250$ r/min，发出 50 Hz 交流电的同步发电机磁极对数 p 为（　　）。

A．50　　B．12　　C．24　　D．6

2．同步发电机的工作原理是（　　）。

A．电流的热效应　　B．电流的磁效应

C．电磁感应　　D．通电导体在磁场中受力

3．同步电动机的工作原理是（　　）。

A．电流的热效应　　B．电流的磁效应

C．电磁感应　　D．通电导体在磁场中受力

4．大容量的同步发电机均采用（　　）。

A．自励系统　　B．半导体励磁系统

C．他励系统　　D．直流发电机励磁

三、判断题

1．同步电机是根据导体切割磁感应线而产生感应电动势这一基本原理工作的。（　　）

2．同步发电机运行时，必须在励磁绕组中通入直流电来励磁。（　　）

3．同步发电机半导体励磁系统中担任整流的装置既可以是硅整流装置，也可以是晶闸管整流装置。（　　）

4．当在同步电动机的定子三相绕组中通入三相对称交流电流时，将会产生电枢旋转磁场，该磁场的旋转方向取决于三相交流电流的初相角大小。（　　）

5．同步电动机通常做成凸极式。（　　）

6．满足以下条件，就可以使同步发电机与电网并联运行：发电机电压和电网电压不仅要有相同的有效值、极性和相位，还要有相同的相序。（　　）

四、简答题

1．为什么同步发电机的转速只有3 000 r/min、1 500 r/min、1 000 r/min等若干固定的转速等级，而不能有任意转速？

2．同步发电机的励磁方式有哪些？

3. 简述同步电动机的工作原理。

4. 简述同步发电机并联运行的优点和条件。

第三节 同步电动机的启动

一、填空题

1. 转子磁场超前定子磁场 θ 角时，同步电动机处于__________状态；转子磁场滞后定子磁场 θ 角时，同步电动机处于______________状态。

2. 同步电动机发生“失步”现象时，__________________很大，应尽快__________________，避免损坏同步电动机。

3. 同步电动机异步没有启动转矩，这是由于转子的________________造成的；同步电动机的启动方法有：________________、______________和______________。

4. 采用________________的同步电动机，启动时切忌励磁绕组________________，也不能将励磁绕组直接短路，在向定子绕组通电之前，应在励磁回路中________________。

二、选择题

1. 同步电动机转子的励磁绕组的作用是通电后产生一个（　　）磁场。

A. 脉动　　B. 交变

C. 极性不变但大小变化的　　D. 大小和极性都不变化的恒定

2. 同步电动机出现“失步”现象的原因是（　　）。

A. 电源电压过高　　B. 电源电压太低

C. 电动机轴上负载转矩太大　　D. 电动机轴上负载转矩太小

3. 异步启动时，同步电动机的励磁绕组不能直接短路，否则（　　）。

A. 引起电流太大，导致电动机发热

B. 将产生高电势，影响人身安全

C. 将发生漏电，影响人身安全

D. 转速无法上升到接近同步转速，不能正常启动

4．同步电动机一般采用的启动方法是（　　）。

A．直接启动　　B．异步启动　　C．同步启动　　D．辅助启动

三、判断题

1．异步启动时，同步电动机的励磁绕组既不准开路，也不能将励磁绕组直接短路。（　　）

2．同步电动机采用异步启动法启动时，启动电流太大，就应该采用降压启动，以减少启动电流。（　　）

3．同步电动机的励磁电流小于正常励磁电流时，同步电动机就成了容性负载。（　　）

4．同步电动机采用异步启动法启动时，当转速为零时，异步笼型绕组中的电流值最小，当转速为同步转速时，异步笼型绕组中的电流值最大。（　　）

四、简答题

1．什么是同步电动机的“失步”现象？“失步”的原因是什么？

2．为什么同步电动机不能自行启动？

3．异步启动法启动同步电动机时，为什么其励磁绕组要通过电阻短路？

第四节　同步电动机功率因数的调整和同步补偿机

一、填空题

1．同步电动机的励磁方式有__________、__________和__________。

2．同步补偿机实际上是工作在__________状态的__________运行的同步电动机。

3．同步补偿机的作用是____________________。

4．同步电动机的电磁功率只与两个因素有关，一个因素是__________；另一个因素是__________。

5. 只向电网输出感性无功功率，这种同步电动机称为________________，也称为________________。

6. 同步补偿机在使用时，一般应将其接在__________，以就近向用户提供________无功功率。

7. 同步补偿机实际是一台在________状态下________运行的同步电动机。

8. 同步补偿机在运行时能够输出较大的____________。这就相当于给电网并联了一个大容量的电容器，使电网的____________得到了提高。

二、选择题

1. 同步补偿机实际上就是一台（　　）。

A. 空载运行的同步电动机　　B. 负载运行的同步电动机

C. 空载运行的同步发电机　　D. 负载运行的同步发电机

2. 同步补偿机在使用时，一般应将其接在（　　）。

A. 用户区　　B. 同步发电机附近

C. 电源附近　　D. 供电线路中间

3. 同步补偿机工作在（　　）状态下。

A. 空载　　B. 满载　　C. 过载　　D. 轻载

4. 同步补偿机是在过励磁状态下空载运行，电流 I 将超前电压 U 为（　　）。

A. 30°　　B. 60°　　C. 90°　　D. 120°

三、判断题

1. 同步电动机转子的励磁大，吸引力大，功率就大。（　　）

2. 在同样的磁场作用下，功角 θ 越大，产生的功率也就越大。（　　）

3. 同步补偿机实际上就是一台满载运行的同步电动机。（　　）

4. 在用电区安装同步补偿机，当用电负荷不变时，加大补偿机的励磁电流。这时用电区输电线路上的电流值将减少。（　　）

5. 同步电动机的无功功率、功率因数是可以通过改变励磁来调节的。（　　）

6. 同步电动机一般都工作在欠励磁状态。（　　）

四、简答题

1. 为什么过励状态下的同步电动机能够提高电路的功率因数？

2. 什么叫做同步补偿机？其主要作用是什么？

第八章 特种电机

第一节 测速发电机

一、填空题

1. 测速发电机是一种检测元件，它能将__________变换成__________。

2. 空心杯转子交流测速发电机，当转子静置时，异步测速发电机相当于一台________。磁通的方向与输出绕组的轴线______，输出绕组感应电动势为______。

3. 直流测速发电机实质上是一台__________，其输出电压的大小与速度成________。

4. 直流测速发电机的工作特性，主要是指____________。交流测速发电机的工作特性包括____________和____________。

二、选择题

1. 交流测速发电机的定子上装有（　　）。

A. 一个绕组　　B. 两个串联的绕组

C. 两个并联的绕组　　D. 两个在空间相差90°电角度的绕组

2. 直流永磁式测速发电机（　　）。

A. 不需另加励磁电源　　B. 需加励磁电源

C. 需加交流励磁电压　　D. 需加直流励磁电压

3. 测速发电机在自动控制系统中，常作为（　　）元件使用。

A. 电源　　B. 负载　　C. 测速　　D. 放大

4. 测速发电机在自动控制系统和计算装置中，常作为（　　）元件使用。

A. 电源　　B. 负载　　C. 放大　　D. 解算

5. 若按定子磁极的励磁方式来分，直流测速发电机可分为（　　）两大类。

A. 有槽电枢和无槽电枢　　B. 同步和异步

C. 永磁式和电磁式　　D. 空心杯形转子和同步

6. 交流测速发电机的杯形转子是用（　　）材料做成的。

A. 高电阻　　B. 低电阻　　C. 高导磁　　D. 低导磁

7. 交流测速发电机的输出电压与（　　）成正比。

A. 励磁电压频率　　B. 励磁电压幅值

C. 输出绕组负载　　D. 转速

8. 若被测机械的转向改变，则交流测速发电机的输出电压（　　）。

A. 频率改变　　B. 大小改变

C. 相位改变90°　　D. 相位改变180°

9. 直流测速发电机在负载电阻较小，转速较高时，输出电压随转速升高而（　　）。

A. 增大　　　B. 减小　　　C. 不变　　　D. 线性上升

10. 交流测速发电机输出电压的频率（　　）。

A. 为零　　　B. 大于电源频率

C. 等于电源频率　　　D. 小于电源频率

三、判断题

1. 交流测速发电机的主要特点是其输出电压与转速成正比。（　　）

2. 测速发电机分为交流和直流两大类。（　　）

3. 交流测速发电机分为永磁式和电磁式两种。（　　）

4. 直流测速发电机由于存在电刷和换向器的接触结构，所以寿命较短，对无线电有干扰。（　　）

5. 直流测速发电机的结构与直流伺服电动机基本相同，原理与直流发电机相似。（　　）

6. 直流伺服电动机无论是他励式还是永磁式，其转速都是由信号电压控制的。（　　）

7. 测速发电机在自动控制系统和计算装置中，常作为电源来使用。（　　）

8. 永磁式测速发电机的转子是用永久磁铁制成的。（　　）

9. 交流测速发电机的励磁绕组必须接在频率和大小都不变的交流励磁电压上。（　　）

四、简答题

1. 测速发电机的主要功能有哪些？按用途不同，对其性能分别有什么要求？

2. 什么叫做工作特性，直流测速发电机与交流测速发电机分别具有怎样的工作特性？

第二节　伺服电动机

一、填空题

1. 伺服电动机又称____________，它具有一种服从__________的要求而动作的职能。

2. 伺服电动机的作用是把所接收的电信号转换为电动机转轴的________和________。

3. 交流伺服电动机的结构和______异步电动机相似，其定子上有两个绕组，即____________和______绕组。这两个绕组在定子圆周上相差__________电角度。

4. 交流伺服电动机的转速控制方式为：____________、____________和__________________。

5. 直流伺服电动机，按励磁方式可分为__________和__________；按速度控制方式可分为______控制和______控制。

二、选择题

1. 在自动控制系统中，把输入的电信号转换成电动机轴上的角位移或角速度的电磁装置称为（　　）。

A. 伺服电动机　B. 测速发电机　C. 交磁放大机　D. 步进电动机

2. 交流伺服电动机实质上就是一种（　　）。

A. 交流测速发电机　B. 微型交流异步电动机

C. 交流同步电动机　D. 微型交流同步电动机

3. 交流伺服电动机的定子圆周上装有（　　）绕组。

A. 一个　B. 两个互差 90°电角度的

C. 两个互差 180°电角度的　D. 两个串联的

4. 空心杯交流伺服电动机，当只给励磁绕组通入励磁电流时，产生的磁场为（　　）。

A. 脉动磁场　B. 旋转磁场

C. 恒定磁场　D. 在脉动磁场与恒定磁场之间变化

5. 直流伺服电动机的励磁绕组通入励磁电流时，产生的磁场为（　　）。

A. 脉动磁场　B. 旋转磁场

C. 恒定磁场　D. 在脉动磁场与恒定磁场之间变化

6. 直流伺服电动机的励磁方式几乎只采取（　　）。

A. 串励式　B. 并励式　C. 复励式　D. 他励式

7. 直流伺服电动机励磁电压和电枢电压（　　）时，负载增加、转速下降。

A. 一定　B. 增加　C. 下降　D. 先增加后下降

8. 交流伺服电动机的控制绕组与（　　）相连。

A. 交流电源　B. 直流电源　C. 信号电压　D. 励磁绕组

9. 在工程上，信号电压一般多加在直流伺服电动机的（　　）两端。

A. 定子绕组　B. 电枢绕组　C. 励磁绕组　D. 启动绕组

10. 他励式直流伺服电动机的正确接线方式是（　　）。

A. 定子绕组接信号电压，转子绕组接励磁电压

B. 定子绕组接励磁电压，转子绕组接信号电压

C. 定子绕组和转子绕组都接信号电压

D. 定子绕组和转子绕组都接励磁电压

11. 直流伺服电动机实质上就是一台（　　）直流电动机。

A. 他励式　B. 串励式　C. 并励式　D. 复励式

12. 直流伺服电动机的结构、原理与一般（　　）基本相同。

A. 直流发电机　B. 直流电动机　C. 同步电动机　D. 异步电动机

13．交流伺服电动机电磁转矩的大小与控制电压的（　　）有关。

A．大小　　B．相位

C．大小和相位　　D．大小和频率

三、判断题

1．交流伺服电动机为克服自转现象，广泛采用空心杯形转子。（　　）

2．直流伺服电动机的工作原理和普通直流电动机相同。（　　）

3．交流伺服电动机的转速不但与励磁电压、控制电压的幅值有关，而且还与励磁电压、控制电压的相位差有关。（　　）

4．直流伺服电动机的转向不受控制电压极性的影响。（　　）

5．直流伺服电动机不存在自转现象。（　　）

6．交流伺服电动机的负载一定时，控制电压越高，转速越高。（　　）

7．交流伺服电动机的控制电压一定时，负载增加转速下降。（　　）

8．一般直流伺服电动机广泛用于自动控制系统中，既可作执行元件，亦可作驱动元件。（　　）

9．永磁交流伺服电动机适用于精密数控机床控制的关键执行部件。（　　）

10．直流伺服电动机的优点是具有线性的机械特性，但启动转矩不大。（　　）

11．直流伺服电动机不论是他励式还是永磁式，其转速都是由信号电压控制的。（　　）

12．在直流伺服电动机中，信号电压若加在电枢绕组两端，则称为电枢控制；若加在励磁绕组两端，则称为磁极控制。（　　）

13．交流伺服电动机电磁转矩的大小取决于控制电压的大小。（　　）

14．在自动控制系统中，伺服电动机常作为信号元件来使用。（　　）

四、简答题

1．交流伺服电动机的“自转”现象是指什么？怎样克服“自转”现象？

2．交流伺服电动机是如何通过改变控制绕组上的控制电压来控制转子转动的？

3. 简述直流伺服电动机的工作原理。

第三节 步进电动机

一、填空题

1. 步进电动机也称________________，它是把输入的__________信号，转换成________或__________的控制电动机。

2. 三相磁阻式步进电动机的定子绕组上装有____个均匀分布的磁极，每个磁极上都绕有__________，绕组接成三相______接法；转子上无绕组，有________个磁极。

3. 步进电动机的转速大小取决于______________，频率越高，转速_____。转动方向取决于______________________。

4. 步进电动机按励磁方式分为__________、__________和____________。

5. 通常把由一种通电状态转换为另一种通电状态称为一拍，每一拍转过的角度叫做步距角 θ_s，步距角 θ_s 的大小与转子齿数 Z_R 和拍数 N 的关系式为______________________。

二、选择题

1. 某三相反应式步进电动机转子有 40 个磁极，采用单三拍供电，步距角为（　　）。

A. 1.5°　　B. 3°　　C. 9°　　D. 18°

2. 某三相反应式步进电动机采用 6 拍供电，通常次序为（　　）。

A. U→V→W→UV→VW→WU→U

B. U→VW→V→UW→W→VU→U

C. U→UV→V→VW→W→WU→U

D. U→W→V→UV→VW→WU

3. 一台三相磁阻式步进电动机，采用三相双三拍供电时，步距角为 1.5°，则其转子齿数为（　　）。

A. 40　　B. 60　　C. 90　　D. 120

三、判断题

1. 同一台步进电动机通电拍数增加 1 倍，步距角减少为原来的 1/2，控制的进度将有所提高。（　　）

2. 不论通电拍数为多少，步进电动机步距角与通电拍数的乘积等于转子一个磁极在空间所占的角度。 (　　)

3. 步进电动机运动的方向取决于控制绕组通电的顺序。 (　　)

4. 步进电动机转速与电源电压、绕组电阻及负载有关。 (　　)

5. 步进电动机的转速与脉冲电源频率保持着严格的比例关系。 (　　)

6. 在恒定脉冲电源作用下，步进电动机既可作为同步电动机使用，也可在脉冲电源控制下很方便地实现速度调节。 (　　)

四、简答题

1. 在三相磁阻式步进电动机中，什么叫做三相单三拍运行方式？什么叫做三相双三拍运行方式？

2. 简述步进电动机的维护方法。

五、计算题

1. 一台反应式步进电动机，其 $Z_R=40$，采用三相单三拍运行方式，则每一拍转子转过的步距角为多少？

2. 一台三相反应式步进电动机，采用三相单三拍运行方式，转子齿数 $Z_R=40$，脉冲电源频率 500 Hz，试求：

（1）电动机的步距角 θ_s；

（2）电动机的转速 n；

（3）电动机每秒钟转过的机械角度。

第四节　交磁电机扩大机

一、填空题

1. 交磁电机扩大机是一种把________________进行放大的直流发电机，其功率放大倍数很大，可达200～50 000。

2. 交磁电机扩大机的换向器上有______对电刷，一对放在________________处，称为交轴电刷，另一对放在________________位置，称为直轴电刷。

3. 交磁电机扩大机，控制电流流入________绕组，产生________，并在________轴电刷形成电动势，由于交轴电刷短路，使电枢中流过较大的短路电流，这是交磁电机扩大机的一级放大。

4. 交磁电机扩大机补偿绕组与______绕组串联，以保证在任何大小负载下，都能起到合理补偿的效果。

5. 交磁电机扩大机工作在_________状态下。

二、选择题

1. 交磁电机扩大机电枢反应磁通的方向（　　）。

A. 与控制磁通方向相同　　B. 与控制磁通方向相反

C. 与控制磁通方向垂直　　D. 与控制磁通方向相差120°

2. 交磁电机扩大机补偿绕组应放在（　　）。

A. 定子上，且与控制绕组平行　　B. 定子上，且与控制绕组垂直

C. 转子上　　D. 定子上，且与控制绕组相差120°

3. 交磁电机扩大机功率放大倍数很大，可达（　　）。

A. 200～50 000　　B. 1 000～10 000

C. 200～100 000　　D. 200～1 000

三、判断题

1. 交磁电机扩大机必须设置补偿绕组，否则放大倍数很小，或者没有放大倍数。（　　）

2. 两台同样的交磁电机扩大机，一台交轴回路串入某电阻，另一台短接，其放大倍数交轴串电阻的比短接的大。（　　）

四、简答题

1. 交磁电机扩大机为什么具有较高的放大倍数？

2. 简述交磁电机扩大机的空载特性。

第五节 自 整 角 机

一、填空题

1. 自整角机在系统中一般______或______组合使用，其任务是在自动装置和控制系统中，将转轴上的转角变换为电气信号。

2. 自整角机按使用要求不同，可分为__________和__________两种。按结构的不同，可分为____________和__________两大类。

3. 成对使用的自整角机产生信号的称为__________，接受信号的称为__________。

4. 控制式自整角机的功用是作为______和______的检测元件。

5. 自整角机的定子结构与一般__________电动机相似，定子铁心上嵌有三相星形对称分布绕组，称为____________。

6. 自整角机的转子结构按不同类型采用__________或__________放置单相或三相励磁绕组。

7. 接收机为了提高电气精度，降低零位电压，自整角机均采用__________转子，并在转子上装有单相高精度的____________作为输出绕组。

8. 控制式自整角机不是______驱动负载，而是适当选择__________和______电动机，从而驱动阻力转矩较大的设备。

二、选择题

1. 差动接收机串接于两个力矩式发送机之间，接收其电信号，并使自身转子转角为两个发送机转角的（　　）。

A. 和　　B. 差　　C. 和或差　　D. 积

2. 控制式自整角机可将机械角度转换为电信号或角度的数字量转变为（　　）模拟量。

A. 电压　　B. 电流　　C. 功率　　D. 角度

3. 力矩式自整角机的功用是直接达到转角随动的目的，即将机械角度变换为（　　）输出。

A. 电压　　B. 电流　　C. 功率　　D. 力矩

4. 力矩式自整角机的静态误差范围为（　　）。

A. 0.5°~2°　　B. 1°~2°　　C. 2°~3°　　D. 3°~4°

三、判断题

1. 自整角机是一种感应式机电元件。 ( )

2. 力矩式自整角机只适用于轻负载受精度要求不太高的开环控制的伺服系统。( )

3. 力矩式自整角机的转子多为隐极结构。 ( )

4. 控制式自整角机多用于精密的闭环控制的伺服系统中。 ( )

四、简答题

1. 简述力矩式自整角机的工作原理。

2. 简述控制式自整角机的工作原理。

第六节 旋转变压器

一、填空题

1. 旋转变压器是一种特殊的＿＿＿＿＿＿＿电机，是一种输出电压随转子转角变化的＿＿＿＿元件。

2. 旋转变压器在控制系统中可以作为＿＿＿元件，主要用于＿＿＿＿＿＿和＿＿＿＿＿＿等；在随动系统中可用于＿＿＿与转角相应的电信号。

3. 旋转变压器按其磁极对数的多少，可分为＿＿＿＿＿和＿＿＿＿＿两种；按电刷与集电环间滑动接触情况，可分为＿＿＿＿＿和＿＿＿＿＿两种；按使用要求，可分为用于＿＿＿＿＿＿中的旋转变压器和用于＿＿＿＿＿＿中的旋转变压器。

4. 用于计算装置中的旋转变压器，可分为＿＿＿＿＿＿＿＿＿＿＿、＿＿＿＿＿＿

__________和__________________________；用于随动系统中的旋转变压器，可分为________________、_________________________和__________________。

5. 为消除输出电压的畸变，必须采用______措施来消除气隙磁场的畸变。常用的补偿措施有__________补偿、__________补偿和________________同时补偿。

二、选择题

1. 线性旋转变压器是指其输出电压的大小随转子转角 α 成正比关系的旋转变压器。其转角范围为（　　）。

A. ±4.5°　　B. 4.5°　　C. ±15°　　D. ±30°

2. 改变连接方式以后的正余弦旋转变压器，其转角范围可达（　　）。

A. ±4.5°　　B. ±15°　　C. ±30°　　D. ±60°

三、判断题

1. 旋转变压器的结构与普通绕线转子异步电动机结构相同。（　　）

2. 旋转变压器的负载电流越大，输出特性的畸变也将越严重。（　　）

3. 线性旋转变压器是指其输出电压的大小随转子转角 α 成正比关系的旋转变压器。（　　）

四、简答题

1. 消除输出电压畸变的措施有哪些?

2. 旋转变压器输出电压存在误差的主要原因有哪些?

3. 使用旋转变压器时应注意哪些问题?

第七节　直线电动机

一、填空题

1. 直线电动机是利用电能直接产生______运动的电力传动装置。

2. 直线电动机按工作原理可分为________直线电动机、________直线异步电动机、直线______电动机和交流直线______电动机，其中前三种应用较多。

3. 直线电动机的结构主要包括______、______和________________________三部分。

4. 直线异步电动机的动子有三种形式：________动子、__________动子和动子______材料。

5. 直线电动机多用于各种________系统和____________系统。

6. 直线电动机的种类按结构形式分为______________型、____________型、______型、______型等。

二、选择题

1. 直线电动机的定子可制成（　　）形式。

A. 短定子　　B. 长定子

C. 短定子和长定子　　D. 中定子和长定子

2. 磁性动子由导磁材料制成，起（　　）。

A. 磁路作用　　B. 导电作用

C. 磁路和导电作用　　D. 散热作用

3. 非磁性动子由非磁性材料（铜）制成，主要起（　　）。

A. 磁路作用　　B. 导电作用

C. 磁路和导电作用　　D. 散热作用

三、判断题

1. 直线电动机可以省去大量中间传动机构，加快系统响应速度，提高系统精确度。（　　）

2. 直线电动机的基本工作原理与旋转式异步电动机一样。（　　）

3. 非磁性动子形式电动机的气隙较小，励磁电流及损耗小。（　　）

4. 大功率的直线电动机可用于电气铁路高速列车的牵引及鱼雷的发射等装置中。（　　）

四、简答题

1. 直线异步电动机的结构特点与旋转电动机有何异同。

2. 简述直线异步电动机的工作原理。

3. 简述直线电动机传动的特点。